凹凸を楽しむ

大阪「高低差」地形散歩

大阪高低差学会
新之介

はじめに

大阪は平坦な町だとずっと思っていた。

私が生まれ育った町は、大阪平野を南西に流れる淀川の北岸で、大阪駅がある梅田とは淀川を挟んだ対岸に位置する。小学生の頃から「この辺りは海抜ゼロメートル地帯だ」と教えられ、子供心に「洪水が来たら怖いなぁ」と思っていたことを記憶している。淀川の堤防上からは360度の視界が広がり、対岸の梅田方面は、子供の頃と比べると、高層ビルがたくさん建ち並び、大袈裟かもしれないがニューヨークの摩天楼のようにも見える。後ろを振り返れば海抜ゼロメートル地帯に住宅地が広がり、大阪は平坦な町だという印象は大人になってからも変わることがなかった。

人はある程度の年齢になると郷土愛に目覚める時がやってくるのではないかと思うことがある。私の場合は、40歳を過ぎたあたりからそれが訪れ、地元の町を歩き、歴史を調べ、ブログに投稿するようになっていった。アクセスが増えるに従って、調べるエリアも拡大していき、大阪の町をくまなく歩くようになると、実は大阪にも、起伏のある場所がたくさんあることに気づきだした。

そんなある日、たまたま立ち寄った書店で、中沢新一氏の『アースダイバー』を手にとった。

そこに挟み込まれていた「アースダイビングマップ」は、現在よりも海水面が数メートル高かった縄文時代の地形図に、神社や寺、遺跡などがプロットされたものだった。中沢氏はその地図を片手に縄文時代の海岸線を辿りながら、東京の成り立ちを解き明かしていったのである。この著書に感銘を受け、自作の地形図を片手に、自分でも上町台地を歩いてみることにした。すると、平坦な町だと思っていた大阪には、いたるところに凸凹や崖があることが改めて分かり、大阪の地形のイメージは大きく変わってしまったのだ。

すっかり大阪の地形の面白さにハマり、ブログなどで情報発信していたところ、『大阪アースダイバー』の出版記念イベントにゲストで呼ばれるという機会に恵まれた。イベントの打ち上げの場で中沢氏から言われた言葉が、「大阪でも地形を楽しむ人が増えて欲しい。新ちゃん、盛り上げてよ」だった。その当時、フィールドワークを通して地形を楽しんでいる「東京スリバチ学会」の存在は知っていたが、東京に比べて起伏が少ない大阪でそのような活動は無理だと思っていた。しかし、中沢氏の言葉がずっと頭から離れることがなく、やがてSNSを通じて知り合った仲間たちと「大阪高低差学会」を作ることにしたのだ。多くの方々とフィールドワークをするうちに、「大阪にこんな高低差があるなんて知らなかった」という嬉しい声をよく聞くようになり、それこそ大阪の魅力の再発見であると考えるようになった。

大阪の古層には、土地の形状が激変していった変遷と、謎に包まれたわが国の始まりに関わる歴史が眠っている。古事記や日本書紀、万葉集などには、現在からは想像しがたい風景の描写が記されているが、そこには、古代景観のヒントが詰まっているのだ。地勢的にみても、大阪は瀬戸内海のドンツキに位置し、縄文時代は大部分が海の底にあり、古代ヤマト政権の時代は巨大な古墳群が造営され、外港が置かれ、海外交易の玄関口として重要な役割を果たした。また、飛鳥・奈良時代には宮殿が置かれ首都になった時期もあり、豊臣秀吉の時代は、三国無双と称された大坂城が造営され、その時に開発された城下町が現在の大阪の基盤になっている。近代に入ると東洋のマンチェスターと呼ばれるほどの工業都市として発展していったが、戦時中の大空襲とその後の都市化で、それらの痕跡はアスファルトの下に閉じ込められてしまったのである。それらの記憶は、地形からも読み解くことができる。そのように考えると、これほど面白い都市は他にないのではないかと思うようになってきたのだ。

本書は、多くの方に大阪の地形に関心を持ってもらいたいという思いで書いている。できれば、中学生や高校生にも読んでもらいたい。地形の変化を意識しながら大阪の町を歩くと、知っているつもりの風景が違う風景に見えてくることがある。大阪の地形の面白さが少しでも伝われば幸いである。

目次

＊本書掲載の凹凸地形図は、陰影段彩図（高さ毎に異なる色と影を付けることで地形を立体的に表現した図）で表現しています。国土地理院作成の「基盤地図情報：数値標高モデル5mメッシュ」を「カシミール3D http://www.kashmir3d.com/」により加工し作成しています。

＊本書掲載の写真や図版は、特に断りのないものについては著者が撮影・作成しました。

大阪広域MAP

大阪「高低差」地形散歩

1 大阪城
2 道頓堀
3 大阪駅
4 天王寺
5 阿倍野
6 住吉大社
7 仁徳天皇陵古墳
8 十三
9 千里丘陵
10 柏原
11 石切
12 川西・伊丹

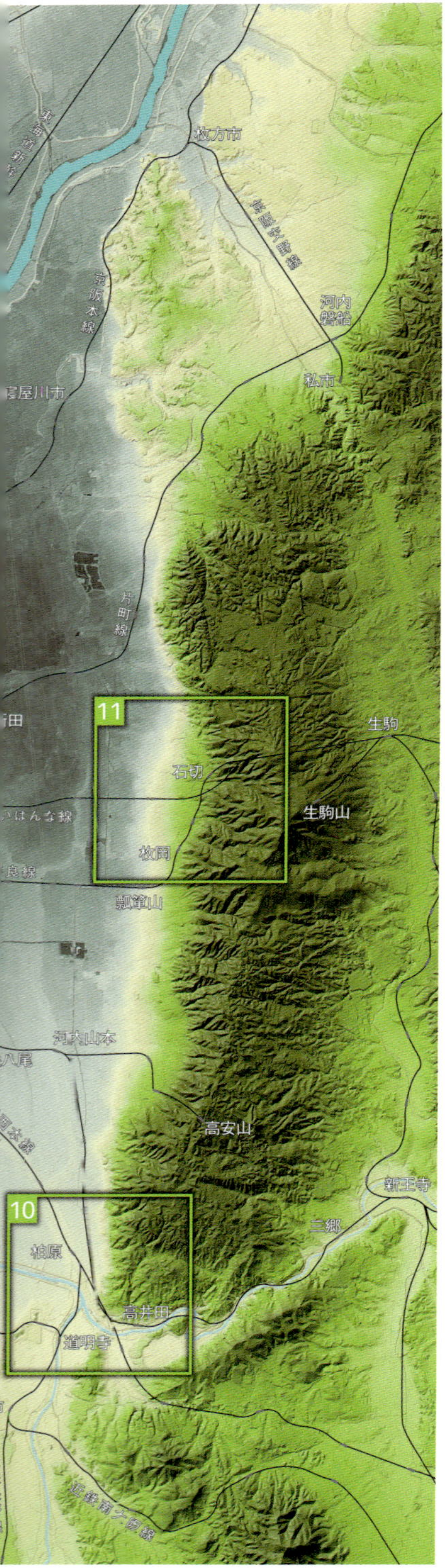

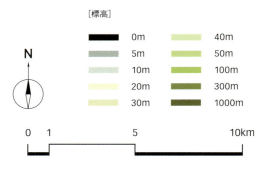

[標高]

0m	40m
5m	50m
10m	100m
20m	300m
30m	1000m

N

0 1 5 10km

箕面
12
池田
北千里
万博記念公園
千里中央
東海道本線
宝塚
福知山線
猪名川
山田
大阪空港
豊中
9
阪急宝塚線
伊丹
武庫川
千里山
吹田
甲東園
甲陽園
江坂
阪急神戸線
塚口
神崎川
東海道本線
新大阪
守口市
淀川
西宮
尼崎
8
十三
3
甲子園
阪神本線
梅田
大阪
京橋
2
1
大阪城公園
九条
心斎橋
玉造
弁天町
難波
布施
鶴橋
大阪港
天王寺
5
4
阿倍野
平野
住吉大社
長居
住之江公園
矢田
6
大和川
7
堺
湊
三国ヶ丘
中百舌鳥
河内松原
南海本線
鳳

本書の見方

エリア凹凸地形図

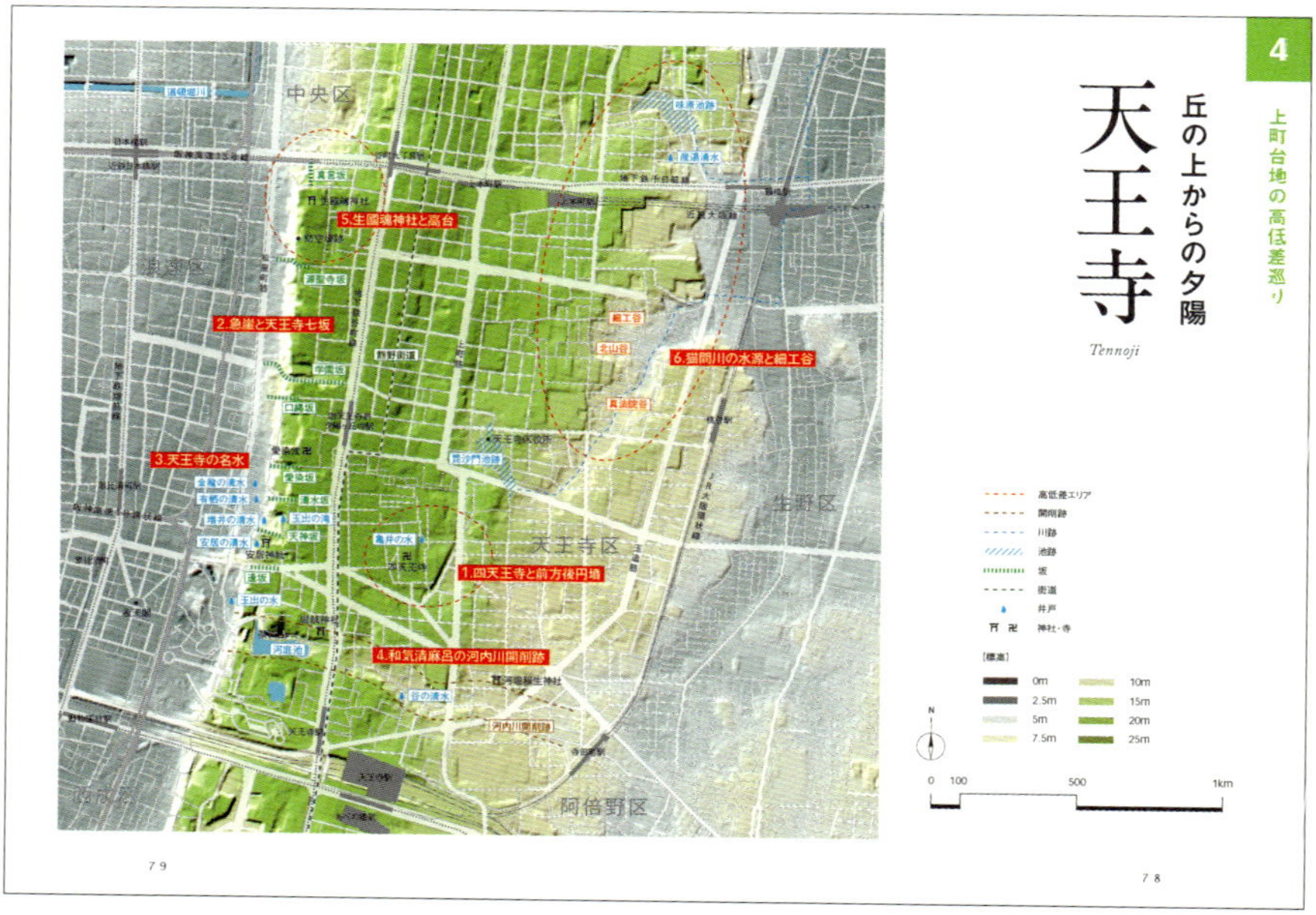

各エリアの地形図は真北を上とし、縮尺はそれぞれ記載の通りです。川跡、池跡、坂、街道、井戸、神社・寺などを表すアイコンは凡例の通り。高低差エリアの番号は本文中の小見出しに対応しています。標高は各地形図に示した通り、高さごとに色分けして表現しています。各標高における色は地形図ごとにそれぞれ違いますので、ご留意ください。

[凡例]
＊記号は地形図毎に異なります

- 高低差エリア
- 開削跡
- 川跡
- 池跡
- 坂
- 街道
- 井戸
- 神社・寺

[標高] ＊各標高における色は地形図毎に異なります

0m　2.5m　5m　7.5m　10m　15m　20m　25m

[方角とスケール] ＊縮尺は地形図毎に異なります

N

0　100　500　1km

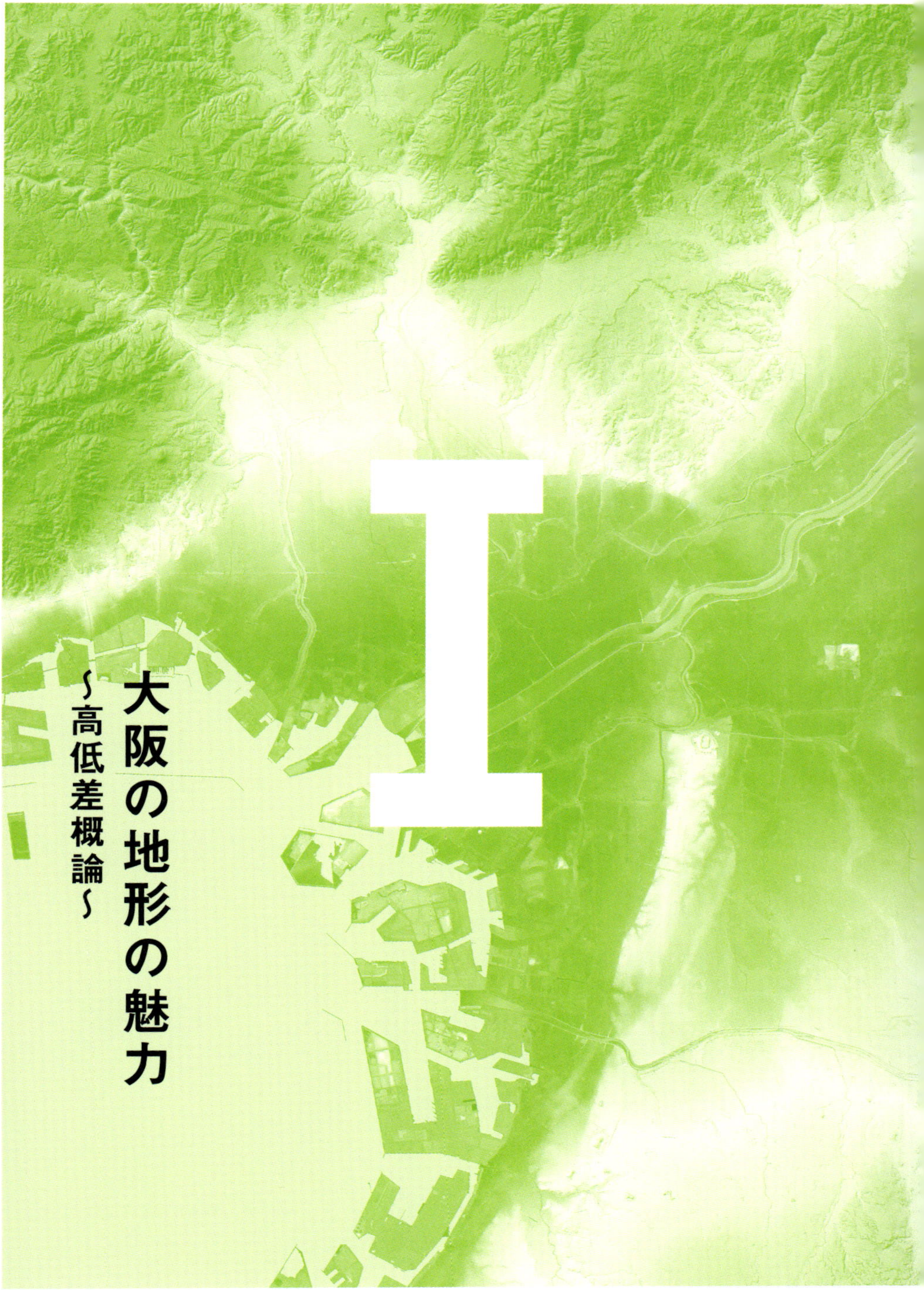

I

大阪の地形の魅力

～高低差概論～

1 砂州の上にできた大阪

東京と大阪の地形

東京と大阪の地形を比べてみると、大阪がとてもユニークな形をしていることがわかる。

東京は「谷の町」といわれるほど谷が多い町だ。地形図を見ると、台地の表面は平坦で、その台地には無数の谷が刻まれ、谷は上流にゆくほど枝分かれをして複雑な地形を形成している。このような地形は関東特有の地質

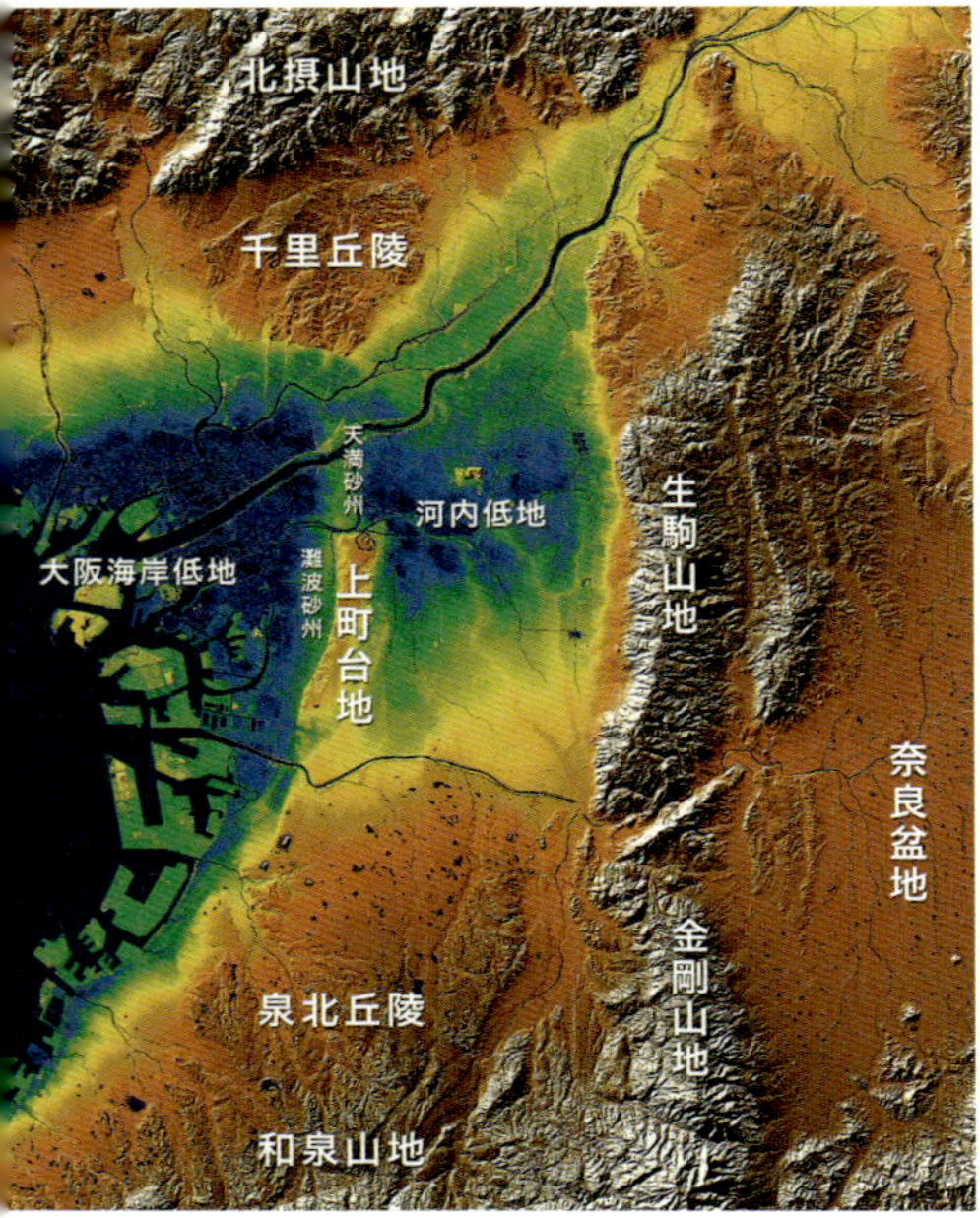

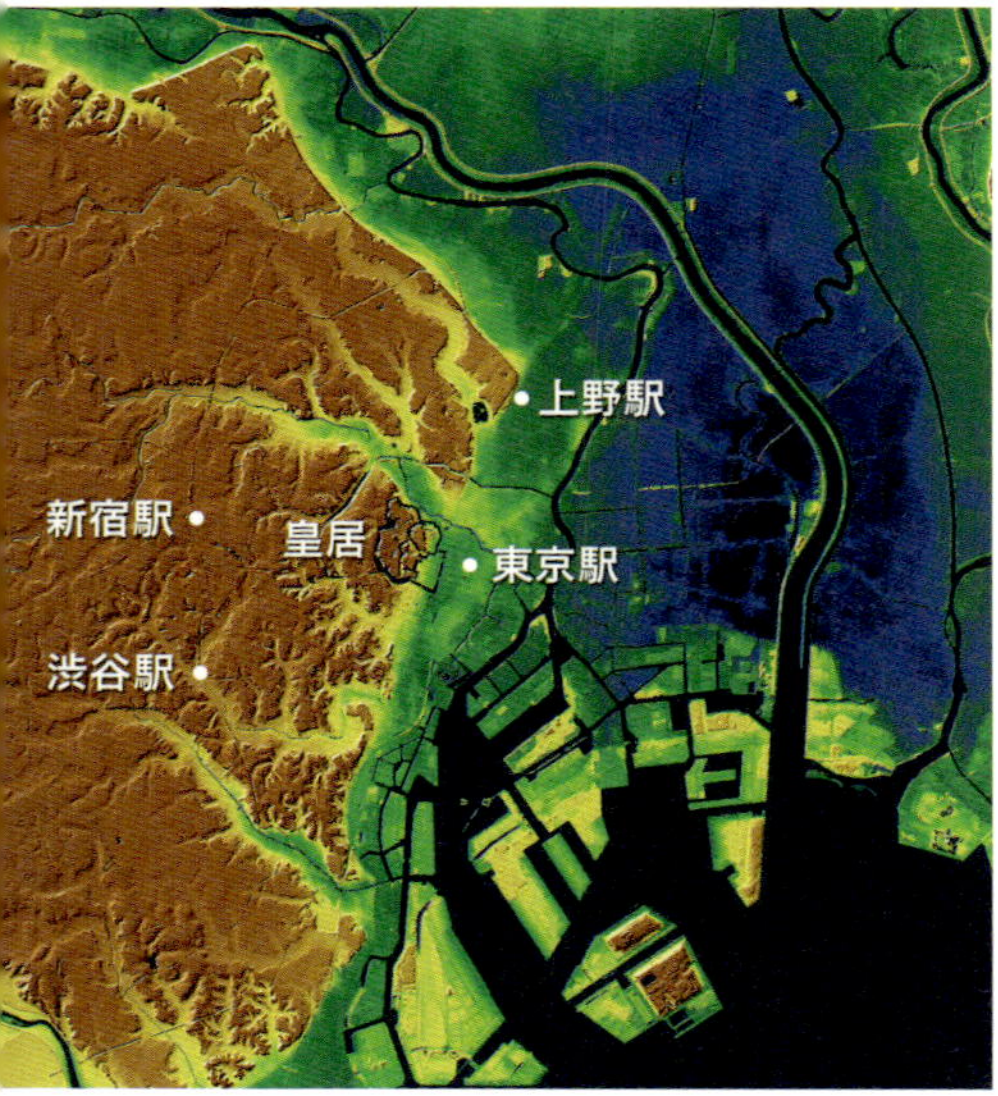

大阪と東京の地形図の比較　（国土地理院、数値地図5m〔標高〕、カシミール3Dにより作成）

が関係している。武蔵野台地の地表には、火山灰が降り積もった地層である関東ローム層が厚く広がっており、それが長い年月で風化し、谷頭侵食《こくとうしんしょく》を起こして急峻《きゅうしゅん》な谷を形成しているのだ。

一方、大阪はどうかというと、「州《しま》の町」といえるかもしれない。大阪平野は、北を北摂山地、東を生駒・金剛山地、南は和泉山地と、三方を山地に、もう一方を海に囲まれている。その大部分は広大な低地で、南北に延びる細長い上町《うえまち》台地が中央に存在している。上町台地の西側と北側には灘波砂州と天満砂州［＊］が形成され、さらにその西には江戸時代に開かれた城下町や新田開発によって陸地化された大阪海岸低地が広がる。上町台地の東側には、生駒山地の麓まで広大な河内低地が広がっているが、ここにはかつて河内湾という内海があり、旧淀川と旧大和川から流れてくる土砂が堆積して陸地化したのだ。上町台地は北に向かうほど標高が高くなり、先端の高台に立つと大阪平野が一望できる。ここは旧淀川と旧大和川が合流する場所でもあり、自然地形が造り出した要害地なのだ。

＊大阪市史などでは難波砂堆・天満砂堆と呼んでいるが、梶山彦太郎・市原実両氏は砂堆と使わず砂州で統一しているため、本書でも砂州の呼称を用いる。

海の底だった大阪

「縄文時代の大阪は海の底だった」

そんなことを言っても、大概は「へぇ、そうなんや」と何とも張り合いのない答えが返ってくる。大阪に住む人は地形にあまり関心がないのではないかと思うことがよくあるのだが、「大阪は海の底だった」と言われても、今の大阪とあまりにもかけ離れ過ぎているのだろう。

大阪が海に覆われていた時代の古地理図で有名なものに「河内湾Ｉの時代」というものがある。今でも大阪の歴史本などでよく引用されるが、発表されたときはかなりのインパクトがあったようだ。

この古地理図を含む論文「大阪平野の発達史」(地質学論集、第7号、日本地質学会刊)は、1972(昭和47)年、十三郵便局局長であった梶山彦太郎氏と大阪市立大学理学部の市原実氏によって共同で発表された。1972年というと日本万国博覧会が開催された2年後で、高度経済成長期の真っ只中だった。大阪でも数多くのビルが建てられ、その副産物としてのボーリング調査のデータが数多く集まっていた時代である。両氏は、それらのデータや現地調査により、大阪平野のなりたちを解き明かしたのだ。それは以下のようなものだ。

約7000~6000年前の《河内湾Ⅰの時代》では、縄文海進による海水上昇がピークに達し、大阪平野の大部分が海の中に沈んでいる。北の海岸線は内陸部の高槻や枚方辺りまで達していたことがわかる。約5000~4000年前の《河内湾Ⅱの時代》では、旧淀川や旧大和川から流れ出す土砂による堆積作用で陸化が進み、上町台地では砂州が北に延びている。これは、海岸線が後退していくときにできた砂浜と、その砂が西風や沿岸流によって運ばれ堆積したものだ。約3000~2000年前《河内潟の時代》になると、内海の陸化がさらに進み、上町台地

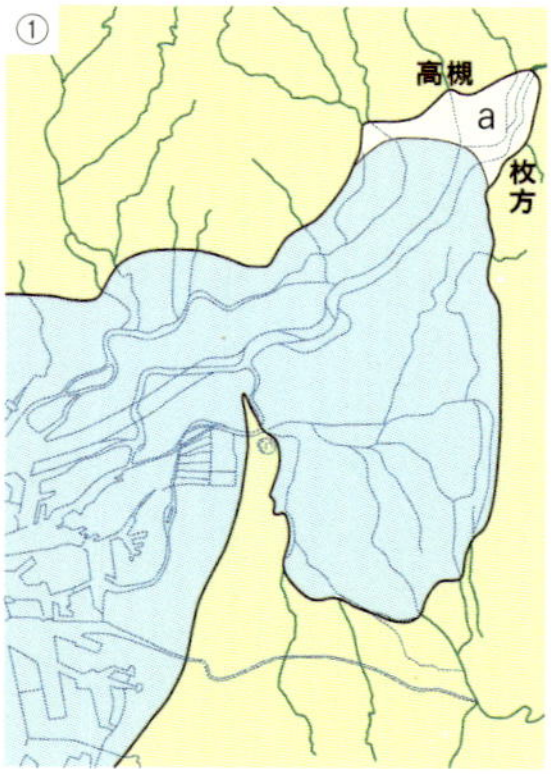

①《河内湾Ⅰの時代》約7000～6000年前、縄文時代前期前半の古地理図／a:ウルム氷期より縄文海進までの堆積地

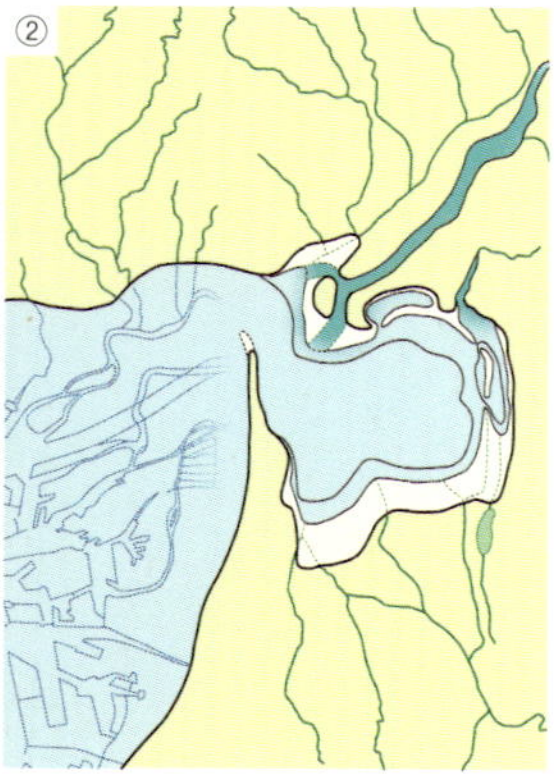

②《河内湾Ⅱの時代》約5000～4000年前、縄文時代前期末～縄文時代中期の古地理図

の北側に砂州が延びて外海と内海を遮るようになる。内海は次第に淡水化が進行し、干潮時には有明海のような広大な干潟が現れるようになり、約1800～1600年前の《河内湖Ⅰの時代》では、上町台地の北に延びる砂州はさらに発達して内海への海水の流入を遮り、淀川は遂に砂州を横切り大阪湾に流出することになる。

そして5世紀頃の「河内湖Ⅱの時代」では、『日本書紀』

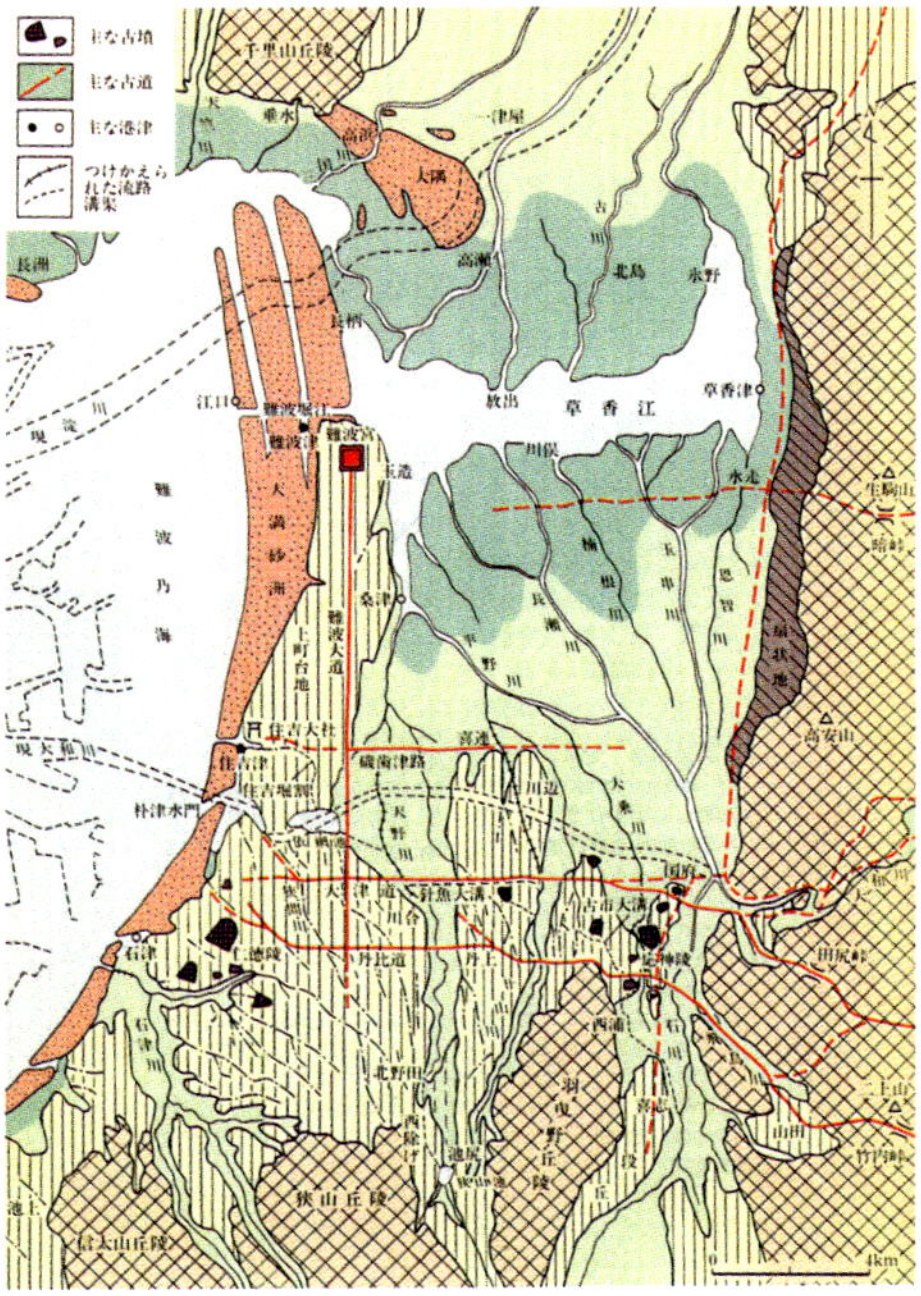

6～7世紀頃の地形図「6～7世紀ころの摂津・河内・和泉の景観」（日下雅義、講談社学術文庫『地形からみた歴史』より）

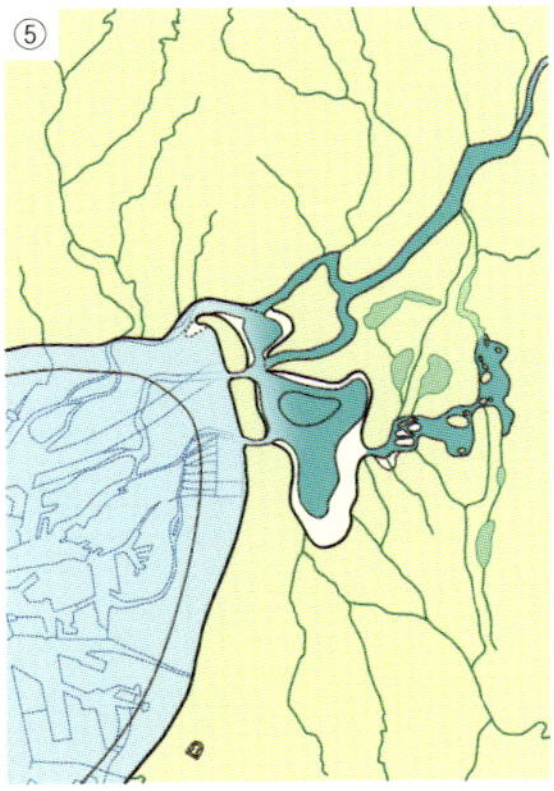

⑤《河内湖Ⅱの時代》5世紀頃の古地理図

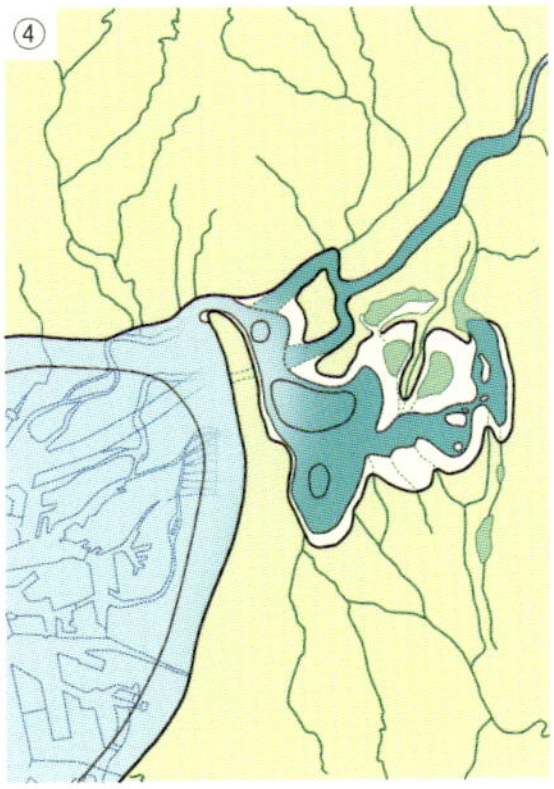

④《河内湖Ⅰの時代》約1800～1600年前、弥生時代後期～古墳時代前期の古地理図

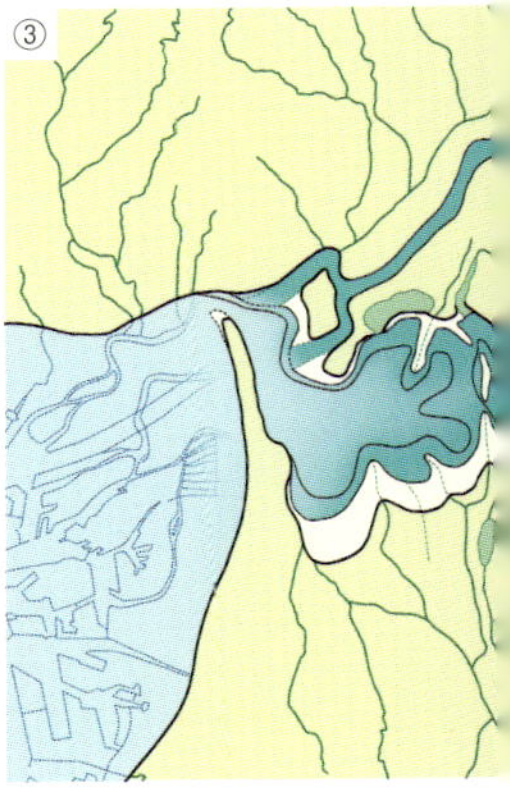

③《河内潟の時代》約3000～20
年前、縄文時代晩期～弥生時代前
の古地理図

海域　淡水域　干潟域

＊①～⑤の古地理図は『大阪平野のおいたち』（梶山彦太郎・市原実著、青木書店、1986）収録の図をもとに作成・着彩している。

にも記されている「難波の堀江」が開削され、河内湖の水は大阪湾へ流れるようになるのだ。河内低地には江戸時代まで残っていた深野池《ふこの》や新開池が誕生し、大阪湾へは、神崎川、旧中津川、旧淀川が流れ、その下流域にデルタ地帯が形成されていくようになるのである。

梶山彦太郎・市原実の両氏が、上町台地の北端に延びる天満砂州について、北に向けて徐々に長さを増し先端部はやがて屈曲すると説いたのに対し、日下雅義氏（立命館大学名誉教授）は、天満砂州の形状について、長さでなく幅が増大すると考えた（前頁「6～7世紀頃の地形図」）。つまり、砂州は3本に分岐し、その間にラグーン（潟《せき》湖《こ》）ができたというのである。海に面した砂州の背後にラグーンができることはよくある。ラグーンは港としても最適な環境であり、日下氏は難波津もそのラグーンにあったと推定している。両説とも大阪の歴史地理学の基盤になっており、発掘調査が進めばさらに詳細なおいたちがわかってくるだろう。

潮流の難所だった難波

大阪の古称は「ナニワ」である。「浪花」「浪速」「難波」と現在でもいろいろな表記で使用されているが、「ナニワ」も実は地形に関係した呼名であり、その語源は『日本書紀』にも記されている。

「皇師《みいくさ》、遂《つひ》に東《ひむがしのかた》し舳艫《ともへ》相接《あひつ》げり。方《まさ》に難波《なには》の碕《みさき》に到《いた》るときに、奔潮《はやなみ》有《あ》りて太《はなは》だ急《はや》きに会《あ》ふ。因《よ》りて名《なづ》けて浪速国《なみはやのくに》と為《い》ふ。亦浪花《またなみはな》と曰《い》ふ。今《いま》し難波《なには》と謂《い》へるは訛《よこなま》れるなり。」（『日本書紀』巻第三神武天皇より）

つまり、天皇軍は東を目指して相次いで出発した。ちょうど難波《なにわ》の碕《みさき》までくると速い潮流に出会った。そこで名付けてここを浪速国《なみはやのくに》といい、また浪花《なみはな》ともいった。難波《なにわ》というのは、それが訛《なま》ったものであると記されているのだ。

しかし、今の大阪湾を考えると、その潮流が速いということに疑問を抱く人もいるのではないだろうか。実際、江戸時代や明治時代には、『日本書紀』の記述に疑問を持ち別の説を起こす学者も現れている。江戸時代の鹿持真澄《かもちまさずみ》らはこの説を疑問とし、明治時代の吉田東伍や幸田成友は、音韻の面からいっても浪速が訛って難波となったとすることを疑っている。さらに、「ナミ（波）ニハ（庭）」「ナ（魚）ニハ（庭）」「ナミ（並）ニワ（庭）」など多くの説が唱えられたのだ。

ここで、もう一度《河内湖Ⅱの時代》の古地理図を見ていただきたい。大阪平野の内陸部に河内湖があり、大阪湾との間には水路が3つあるのがわかる。上から神崎川、旧中津川、旧淀川（大川）

現在の大川　今は穏やかな流れだが、古代は急流が流れていたのかもしれない。

で、難波の碕とは上町台地の先端部であると思われる。現在の潮位の干満差は、春秋季に2・58mにも及ぶが、これを当時の地形に当てはめると、満潮時には大阪湾から潮が逆流して河内湖の水位を押し上げ、干潮時には細い水路を水が急激に流下していたと考えられるのだ。ここから、「奔潮《はやなみ》有《あ》りて太《はなは》だ急《はや》きに会ふ」という現象は事実であったと考えられるようになり、近年は、『日本書紀』の語源説が見直されてきている。今は緩やかに流れる大川を、当時の急流をイメージしながら歩くのもまた、地形歩きの醍醐味なのだ。

地名に隠された土地の記憶

地名は土地の記憶を残す文化遺産である。東京には谷や丘、山、台や沢などがつく地名が多いように思う。特に谷がつく地名は、渋谷、四谷、日比谷、千駄ヶ谷、阿佐ヶ谷など、大阪に住んでいる私でもいくつも思い出すことができるくらいだ。まさに「谷の町」である。

では大阪はどうだろうか。谷町、清水谷、細工谷、鰻谷など、谷がつく地名はいくつか見受けられる。しかし、地形を表すものとして最も多いのは「島」であろう。特に上町台地の西に広がる大阪海岸低地には、堂島、中之島、江之子島、網島、福島、加島、竹島、御幣島、歌島、姫島、中島、百島、出来島、西島、四貫島、桜島、西島などのほか、消滅した地名も合わせるとまだまだあるのだ。これらは、この地域一帯が淀川のデルタ地帯であった名残であり、島の名前がいつしか地名に変わったと考えられる。

淀川下流域の島々は、難波《なにわ》八十島《やそじま》と呼ばれ、天皇の即位の儀式でもあった八十島祭が古くから難波宮の近くで行われていた。八十島祭は早く絶えたうえ、平安時代の資料しか残っていないので詳しく解明されていないが、5世紀頃の王権は河内にあり、大阪湾の海岸において王位就任の儀式を行っていたことが始まりであろうと考えられる。当時の上町台地からは海の向こうに国生み神話の伝承地である淡路島が見えたであろう。

大阪湾に次々と州《しま》ができてゆく様子は、「国生み神話」と重ねることもできる。東京が「谷の町」ならば、大阪は砂州や土砂から生まれた「州《しま》の町」であるともいえると書いたが、大阪の古層には、州から都市に変わっていった記憶が眠っているのだ。

古代大阪は先端土木都市

古代の大阪平野には多くの渡来人が居住していたといわれている。彼らはヤマト政権の中枢に深くかかわり、様々な分野で

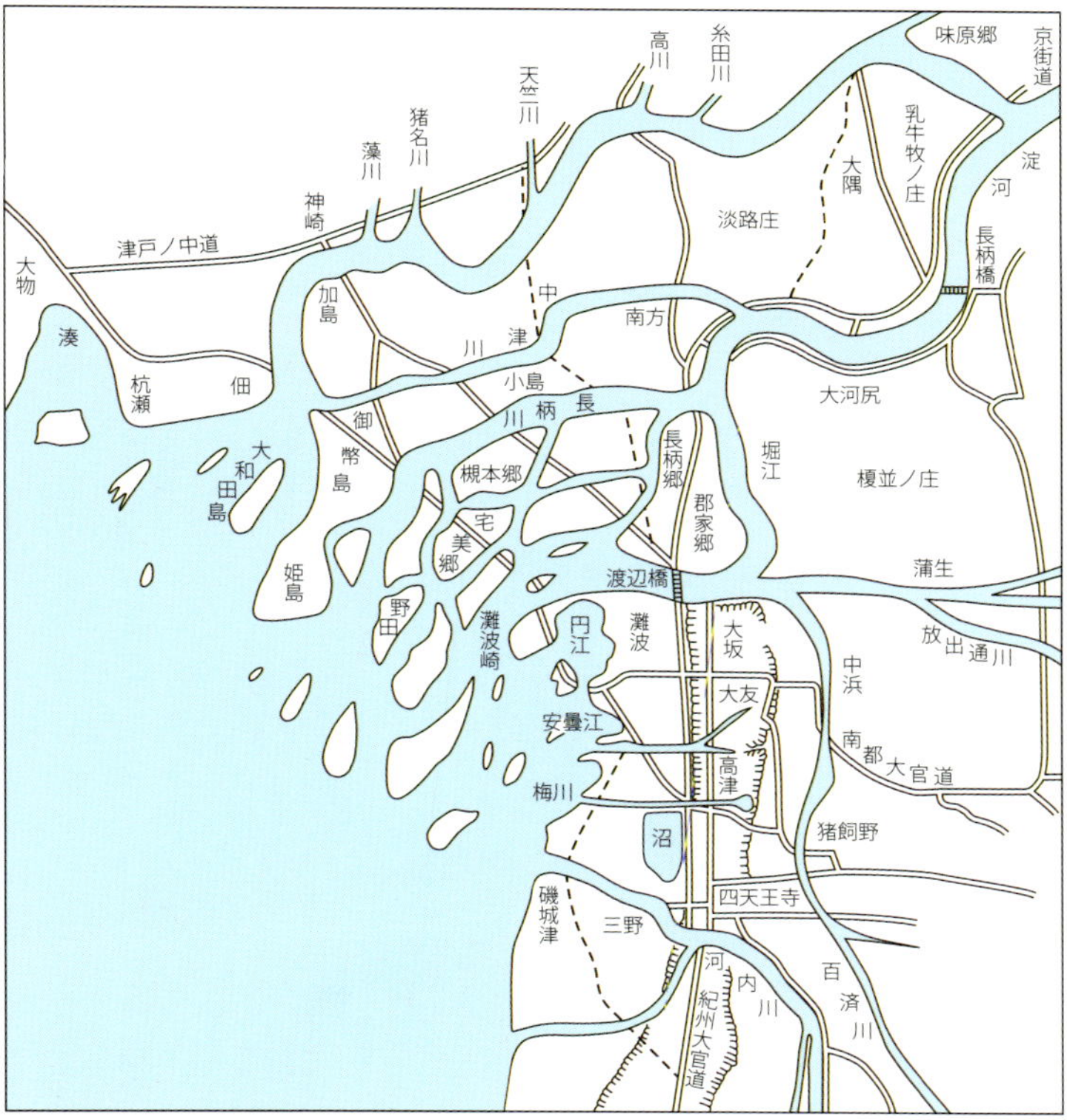

江戸時代に描かれた難波古図　名もない中州の島がたくさんあった様子が描かれている。ただし、正確な古地図ではなく、近世大阪人からみた古代中世の難波のイメージマップととらえた方がいいかもしれない。（『新修大阪市史　第1巻』収録の「森幸安の摂津国難波之図　宝暦3年」をもとに作成）

高い技術力を有した集団であった。特に注目したいのが、治水工事と巨大古墳の造営事業である。『古事記』と『日本書紀』の仁徳天皇の段にも、大規模な治水工事のことが記されている。

洪水や高潮を防ぐために築かれた茨田堤《まんだのつつみ》と茨田三宅《まんだのみやけ》が渡来人である秦人《はたひと》によって造られ、灌漑《かんがい》池である依網池《よさみいけ》や上町台地の東側の水を西側の海に引き入れるために開削した「難波《なにわ》の堀江」、さらに小埼江《こばしのえ》や住吉津《すみのえのつ》なども同じ時代に造られた。これらから、大陸の優れた土木技術が投入されたことが想像できるだろう。

また、八尾市の亀井遺跡や久宝寺北遺跡では、大規模な堰《せき》や河川の護岸施設が見つかっている。これらの地域では多くの韓式系土器が出土していることから、朝鮮半島から渡来した人々の技術が活かされていたと考えられる。韓式系土器は、河内湖の低湿地帯全域で出土していることから、河内低地の初期開発は渡来人に負うところが大きかったと考えることができる。

古墳時代に入ると、巨大な前方後円墳が大阪平野の南部を中心に数多く造られていった。中でも日本最大の仁徳天皇陵古墳は、古墳の最大長が８４０ｍ、最大幅が６５４ｍ、後円部の高さは35・８ｍと世界でも類を見ない巨大な古墳である。これだけの建造物を造営できたのも、優れた土木技術を持った集団がいたからに他ならない。

このように、古代大阪平野では大規模な地形の改変があらゆる場所で行われ、その痕跡が今でも残っているのだ。

応神天皇陵古墳　仁徳天皇稜古墳に次ぐ規模で、体積では日本最大の巨大古墳である。

茨田堤　日本最古といわれる堤跡が堤根（つつみね）神社境内に残っている。

仁徳天皇陵古墳模型　造営時の姿は、全体に石が敷き詰められ、周囲には小型の陪塚（ばいちょう）が配置されていた。

2　母なる上町台地の記憶

上町台地と上町断層

上町台地は、後期更新世後半に隆起してできた台地で、南から北に向けて緩やかに傾斜しており、北端近くの難波宮跡公園の辺りの標高は約23ｍである。上町台地の地下深くには、活動を起こすと東側が隆起する逆断層の上町断層帯がある。上町台地の西側は急崖が続いており、昔から断層崖ではないかといわれてきたが、調査の結果、それらの崖は海の波によって削られた波食崖であることがわかり、活断層の位置は上町台地西側にある東横堀川辺りであることがわかってきた。活動周期は約８千年間隔で、最も最近の活動は約９千年前だと考えられている。大阪には都心の真ん中に動いて欲しくない断層があるわけだが、上町台地が生まれたのは、この断層があったからでもあるのだ。

東横堀川　この地下に上町断層帯が眠っている。

ヤマト政権の外港と官道

奈良盆地にヤマト政権が誕生した頃、海外との交流も盛んになっていったが、その外港の役割を果たしていたのが、上町台地にある住吉津《すみのえのつ》と難波津《なにわづ》であった。

住吉津は古くからある港で、古代は砂州によって形成されたラグーン（潟）の中にあり、波の影響が少ない天然の良港であった。多くの遣使はこの住吉津から出港したといわれているが、その後、主要港の座を難波津に明け渡すことになる。

難波津の場所は諸説あり特定されていないが、近年では高麗橋付近説が有力と考えられている。高麗橋付近は上町台地の北端でもあり、5世紀後半、その高台には高床式の大型倉庫群があり、6世紀頃には外国の使節団が宿泊する施設である難波館《なにわのむろつみ》が置かれていた。当時、朝鮮半島からは使節団が頻繁に来朝していたこともあり、朝鮮三国（百済・新羅・高句麗）の関係を考慮して国ごとに宿泊施設が分かれていたようである。

7世紀に入ると難波宮が置かれ、難波宮から飛鳥へは陸路が整備された。『日本書紀』の613（推古21）年の条に、「難波《なにわ》より京（飛鳥）に至るまでに大道《おおじ》を置く」と

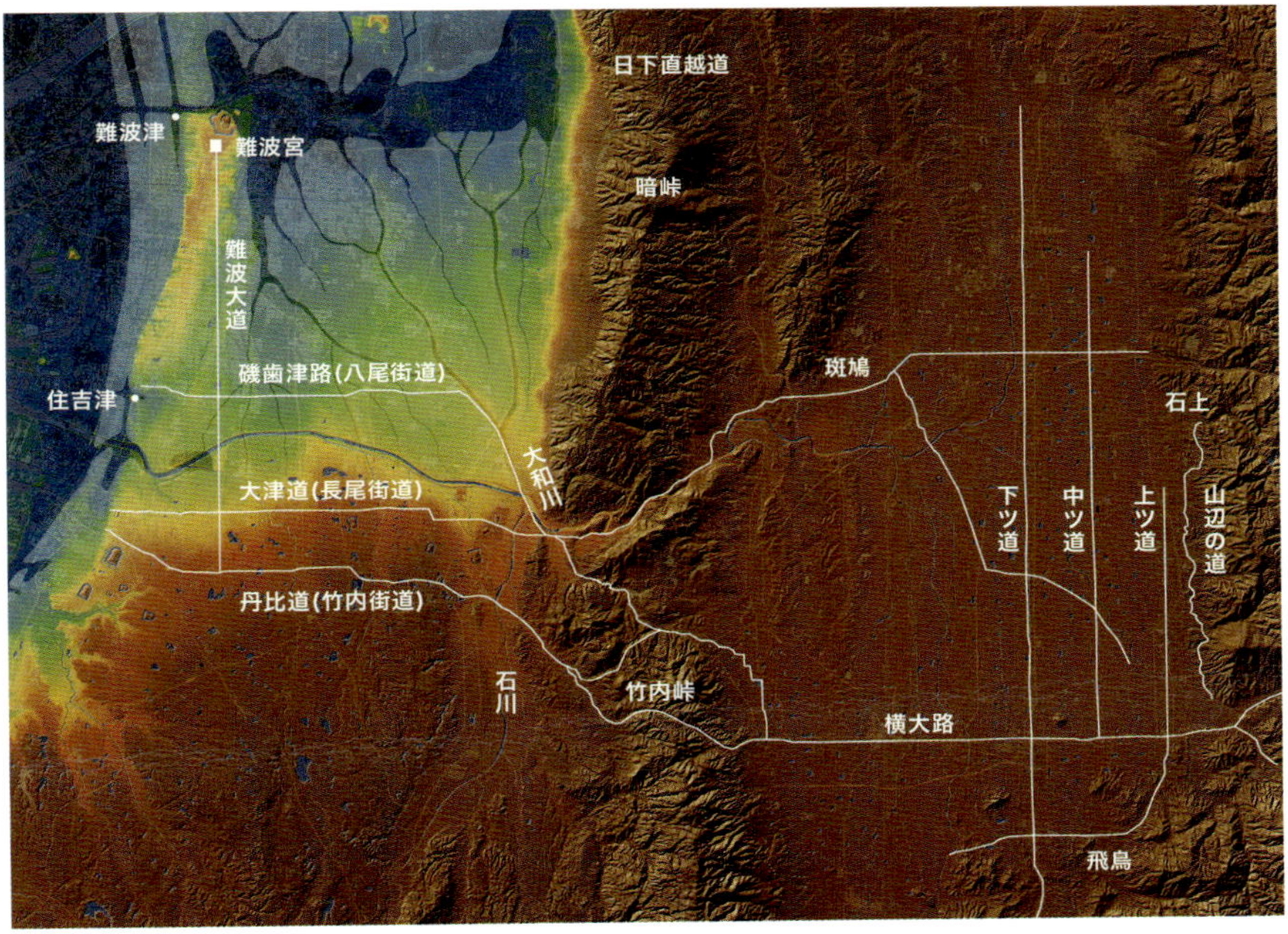

6～7世紀頃の古道の概念図　難波宮から飛鳥へと通じる官道が、沖積層を避けて洪積層を通っていることが地形図から読み取ることができる。

記されており、これが日本最古の官道になる。

前頁の図は6～7世紀頃の地形図に当時の古道を重ねたものだ。難波宮から南北に難波大道《なにわおおじ》が通り、東西に続く丹比道《たじひみち》と交わる。丹比道は竹内峠を越えて飛鳥につながる古道で、現在の竹内街道だといわれている。

埋もれた幻の難波宮

645年に起きた乙巳《いっし》の変《へん》により孝徳天皇（在位645～654年）が即位し、新政府は都を難波に遷《うつ》した。その象徴として新しく造営したのが「前期難波宮」とも呼ばれる難波長柄豊碕宮《なにわのながらとよさきのみや》である。

難波宮が造営された上町台地北端は、東西の幅が狭く、複雑に谷が入り込み、平坦な土地が少なかった。そこで、高地を削り谷を埋めて、平坦地を造成したのである。造成時に屋敷や古墳が壊された痕跡が残っており、谷を埋めた地層からは、勾玉《まがたま》や埴輪が見つかっている。652年に難波宮は完成するが、孝徳天皇が崩御すると斉明天皇（在位655～661年）は都を飛鳥に遷し、天武天皇（在位673～686年）の時代に難波宮を副都としたが、686年に火災で焼失している。その後、聖武天皇（在位724～749年）が726年に再び難波宮の造営に着手し、前期難波宮と同じ場所に完成したのが後期難波宮である。しかし、都が平城京から長岡京へ遷されることが決まると、難波宮の建物は長岡京に移築され、この地は廃墟となり、長らく完全に忘れられた場所になってしまったのだ。

それから約1200年間、難波宮はその実在を信じる者がいない、『日本書紀』に記された幻の都になっていた。そんな時代に、旧陸軍の軍事施設で出土した古瓦を見て、伝説の難波宮がこの地にあると確信していたのが、若き日の山根徳太郎氏であった。山根氏は、大阪市立大学教授を定年退職後、念願であった難波宮の発掘に情熱

難波宮跡　中央にある構造物が大極殿の復元。高速道路は遺跡を傷めないようにこのエリアのみ地上を走る。正面に二上山が見えるが、その横に竹内峠があり、その向こうに飛鳥京があった。

大極殿跡から見た難波宮跡　山根氏がいなければビル群になっていたかもしれない。

を注ぎ、信念を貫いた。1953（昭和28）年、団地の建築現場から鴟尾《しび》が発見されたことがきっかけで第一次発掘調査が始まるが、その裏では、文部省を含む各方面への山根氏の周到な根回しがあったのだ。しかし、発掘調査は幾度か行われたが建物跡がなかなか見つからず、各方面から揶揄《やゆ》され苦しい思いをしたようである。そして1961年、ついに大極殿《だいごくでん》の階段跡を発見したのだ。山根氏自身、著書で「まさに『われ幻の大極殿を見たり』という気持であった」と記している。その後も難波宮跡には開発の波が押し寄せ、山根氏は報道機関も巻き込んでの保存運動を展開する。そして1964年、国史跡に指定されたのだ。もし山根氏がいなければ難波宮は今も永遠に忘れられた幻の宮殿になっていただろう。まさに奇跡的に残った遺跡なのである。

消えた上町台地の谷

太古の上町台地には数多くの谷が存在していたようだ。左図は1000以上のボーリングデータなどを基に復元された埋没谷を地形図に重ねた図である。大阪城周辺には、本丸谷、大手前谷、井戸曲輪《いどくるわ》谷、その西側には釣鐘谷、本町谷、農人谷、龍造寺谷、南大江谷、東側には森ノ宮谷、玉造谷、上町谷、清水谷、味原谷、五合谷、細工谷、北山谷、真法院谷などがあった。上町台地にこれほど多くの谷があったのは驚きである。しかし、現在そのほとんどが埋められ、谷の存在がわかりにくくなってしまった。それはこのエリアに古来より重要な施設が置かれ、谷を埋めることで平坦地が造られ続けたからである。

古くは難波宮の造営に始まり、石山本願寺寺内町、豊臣大坂城、徳川大坂城などが拡張される毎に周辺の土地は削平が繰り返し行われた。これほど広範囲に多くの谷を埋め、土地の高低差をなくし続けてきた土地は全国的に見ても少ないのではないだろうか。上町台地にわずかに残っている清水谷や細工谷など、「谷」がつく地名が、

埋没谷　カシミール3Dで作成した地形図に、「上町台地北部と周辺低地の更新統上面等高線図」（脇田修研究代表「大阪上町台地の総合的研究――東アジア史における都市の誕生・成長・再生の一類型」〔2014〕巻頭図版）の谷及び埋没谷をトレースして重ねている。

この土地がかつて谷であった記憶を後世に残しているのである。

坂の上にあった大坂

大阪の人でなくても「大坂」という表記を目にしたことがあるのではないだろうか。

江戸時代中期までは「大阪」ではなく「大坂」と書くのが一般的であったが、いつからか「坂」と「阪」が混在して使われるようになり、新政府が「大阪府」を置いた1868年から、「阪」が一般的に使われるようになったのだ。では、「大坂」はどこにあった地名なのか。その由来を調べると、室町時代の浄土真宗の僧、蓮如上人にたどり着く。「大坂」の初見は、1497(明応6)年11月25日の蓮如が門徒に送った書状の中に見出されるのだ。

「抑此在所大坂ニヲヒテ、イカナル往昔ノ宿縁アリテカ、既去ヌル明応第五ノ秋ノコロヨリ、カリソメナカラ、カタノコトク、一宇ノ坊舎ヲ建立セシメ(下略)」(『帖外御文章』)

書状には、坊舎の建立が終わったことと、その所在地が大坂であることが記されている。さらに翌年の門徒あて書状では、

「ソモ〳〵当国摂州東成群生玉ノ庄内大坂トイフ在所ハ、従古ヨリイカナル約束ノアリケルニヤ(下略)」(『御文章』)

蓮如上人名号碑

と述べている。

この坊舎が、のちの石山本願寺（大坂本願寺）である。蓮如は書状の他に、「大坂」を詠んだ和歌を9首残しているが、その中から当時の様子を垣間見ることができる2首を紹介したい。

又舟に のりてぞとをる わたなべの 磯ぎはとをる 大坂の山

いく玉の ひかりかがやく しぎのもり みちもひろげに みゆる大さか（『蓮如上人御詠歌』）

この2首から地形を読み解くと、「舟が往来する渡辺津の磯際まで大坂の山が迫り、その山はしぎ（鴫）の森と呼ばれ生玉社が鎮座しており、坂道の上に大坂があった」となろうか。元あった大坂は、石山本願寺の寺内町となっていたのであろう。石山本願寺はその

大阪城の全景

後、上町台地北端の要害の地をおさめ、戦国時代最大の宗教的武装勢力に発展していくことになる。大阪城の地下のどこかには今でも石山本願寺の遺構が眠っているのである。

秀吉が選んだ天然の要害

織田信長が1582年、本能寺の変で明智光秀に討たれた後、羽柴（豊臣）秀吉は山崎の戦いで光秀を倒し、信長の後継者選びで対立関係にあった柴田勝家を賤ヶ岳の戦いで破り、名実ともに信長の継承者となった。秀吉が次に始めたのが大坂城の築城である。大坂城は前出の石山本願寺の跡地を利用して造られている。石山本願寺は上町台地の北端にあって要害の地を占め、御坊は堀に囲まれていた。さらにその周囲には、6つの町による寺内町が形成され、それらを堀と土居が囲む堂々とした城郭であったのだ。この地は織田信長が石山本願寺との10年にも及ぶ石山合戦で手に入れた場所であったが、和睦の後に出火し全焼している。秀吉は、信長の遺志を継ぐかのように大坂に城を築くが、この地の有利さをよく理解していた。『柴田退治記』（1583年）には次のように記されている。

一、大坂は五畿内の中央に位置している。
二、大坂は四方広大な地の中にひときわ高くそばだつ山地（台地）であり、麓を取り巻くように淀川・大和川という二大河川が合流して海に注いでいる。
三、そのため大坂は水運が発達し、毎日無数の舟が出入りしている。
四、京都へは十余里の至近距離である。

五、南方は平地で、天王寺・住吉に近く、堺津へも三里余りであり、町・店屋・辻小路を建て続けることができ、大坂の山下（城下町）となる。

六、さらに視野を広げてみれば、一方は海、三方は峻嶮《しゅんけん》な山岳があたかも強大な城壁のようにそびえ立っており、それぞれに腹心を配して防御させれば守りは鉄壁となる。

大坂はまさに、政治・軍事・経済・対外交流などの中心地となるにふさわしい土地であることを表明しているのだ。大坂城の築造は１５８３（天正11）年９月に始まり、１５８５（天正13）年４月には天守が完成。その後、二の丸、惣構《そうがまえ》堀、三の丸を完成させ、三国無双の壮大な巨城は完成したのである。

現在の大阪城は大坂の陣の後に、徳川が造り上げた城郭であり、豊臣期の大坂城は完全に地下に埋もれている。

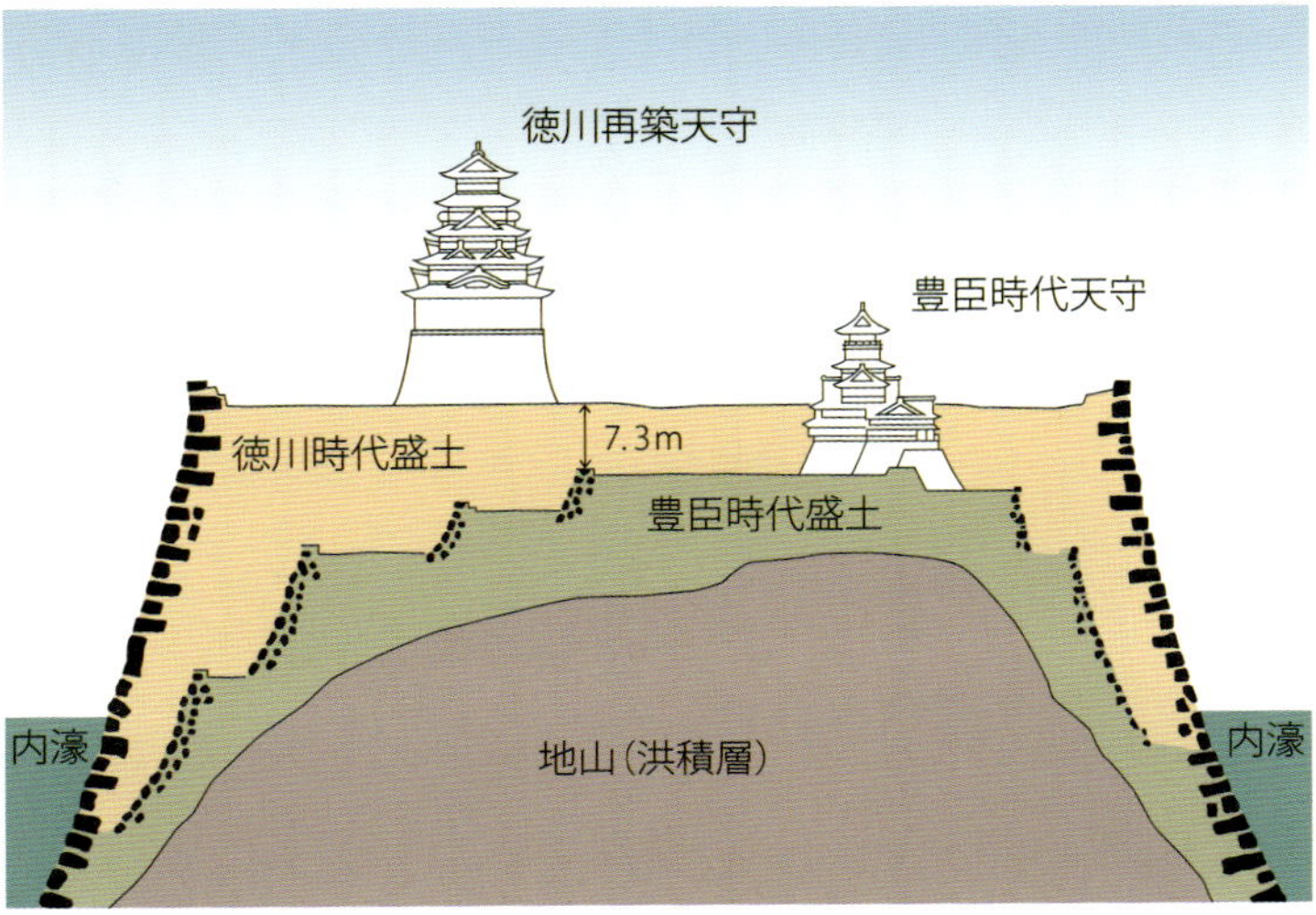

本丸推定断面図　豊臣大坂城が跡形もなく埋もれている様子がわかる。（『岩波グラフィックス18 大阪城』〔岡本良一著、岩波書店、1983〕収録の図をもとに作成）

3　地形歩きの極意

様々な視点で地形を楽しむ

地形歩きとは、地形の起伏に着目し、地形の変化がもたらす町の景観や土地が持つ歴史的背景などを楽しむ町歩きである。名所旧跡を線で結んで歩くのではなく、高低差のある地形を辿《たど》りながら、決して有名ではない神社・仏閣や、見晴らしのいい丘、住宅地の路地裏や旧河川沿いなどを通っていくのだ。そこには、観光地ではない町の魅力が眠っている。地形歩きには、人それぞれの様々な楽しみ方がある。ここでは、地形歩きを楽しむいくつかの視点を紹介したい。

◆高低差エレメント視点

都市部では、ビルや民家がひしめくように隙間なく建ち並んでおり、その下にある地形の起伏がわかりにくい。しかし、建物の陰に隠れて見えないところにも高低差を示す構造物が

高低差エレメント視点

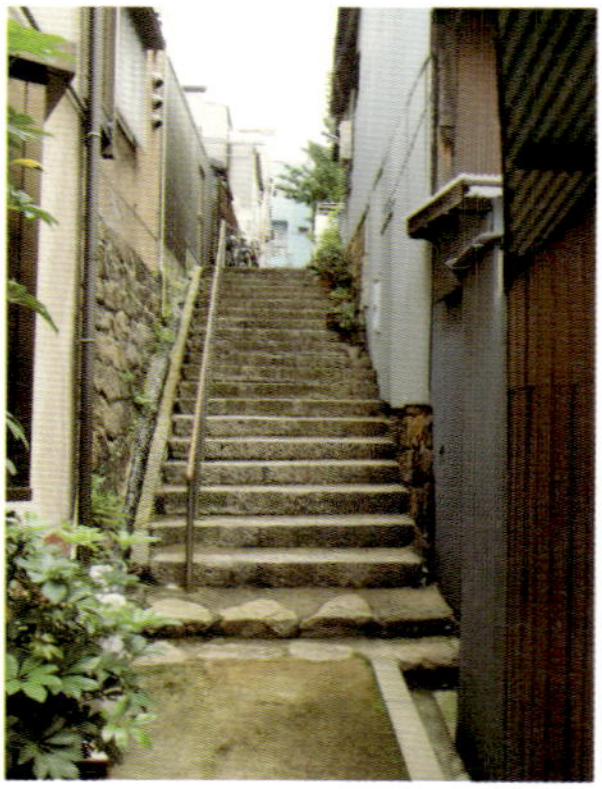

空堀商店街横の石段　石造りの階段は数が少なくなっているが、高低差エレメントの花形である。

龍造寺町の擁壁　建物が解体されたときに現れた古い石積みの擁壁。

眠っているのだ。町を歩くと、古民家などが解体された現場で、古い石積みの擁壁《ようへき》や石の階段を見かけることがある。石の種類や積み方は様々で、きれいに加工された石もあれば、大きさが違う石を隙間だらけに積んでいるものもある。このように、高低差を形成している場所にある構造物を「高低差エレメント」と名付けている。高低差エレメントは、町並み形成における名脇役なのである。

◆アースダイバー視点

大阪の地形ほどアースダイビングをして楽しい場所はないのではないかと思うことがある。アースダイビングとは、中沢新一氏の著書『アースダイバー』で提唱されている町歩きの方法で、縄文時代の地図を片手に、海水面が現在よりも数メートル高かった海岸沿いを歩きながら、神社や寺、古墳や墓地など地霊のパワーが宿っていそうな場所を辿り、その土地のなりたちを解き明かすことである。ただし、難しく考える必要はなく、たとえば丘の上から見える町並みを、すぐ足元まで海岸が迫っていた風景にイメージし直してみたり、崖

アースダイバー視点

生駒山中腹から見た河内平野　縄文人はこの広大な平野が海であった頃、どのような生活を送っていたのだろうか。

清水寺からの眺望　縄文時代には、目の前に大阪湾が広がっていたのであろう。

の上にある神社の場所を、縄文人にとっても聖地であったかもしれないと考えてみるのもアースダイビングなのだ。

◆スリバチ地形視点

スリバチとは、皆川典久氏が『凹凸を楽しむ　東京「スリバチ」地形散歩』などで提唱している地形の呼び名で、3方向を丘に囲まれたU字型の谷地形のことだ。関東地方特有ともいえるスリバチ状の谷地形は、「谷戸《やと》」や「谷津《やつ》」とも呼ばれ、湧水により谷底は水田に利用されることが多かった。東京都心部にはそうしたスリバチ地形が多くある。

大阪でも同じようなスリバチ地形を見つけることができる。特に千里丘陵は、樹枝状の浸食谷が多く見られ、谷を堰き止めた溜池や水田が多く形成された地域である。現在は宅地化が進み水田は減ったが、スリバチ状の地形を観察することができる。

スリバチ地形視点

佐井寺のスリバチ地形　谷の傾斜を利用して棚田が作られており、高台に集落が集まっている。

枚方のスリバチ地形　谷の斜面に建てられた家々が高低差のある町並みを形成している。

◆路地歩き視点

表通りから小さな路地に足を踏み入れ、どんどん奥の方へ誘われるように入っていくと、まるで昭和の時代で時間が止まったような路地裏に行き着くことがある。路地では素敵な被写体にたくさんめぐり合える。玄関先の植木や窓に取り付けられた面格子、石畳やマンホール、子供たちの笑い声。そして必ず現れる猫。好奇心をかきたてられるものが路地には潜んでいる。町を歩くときは、路地に迷い込んでみてはいかがだろうか。

路地歩き視点

裏路地　つい足を運んでしまうのはなぜだろう。時間が止まってしまったような空間だ。

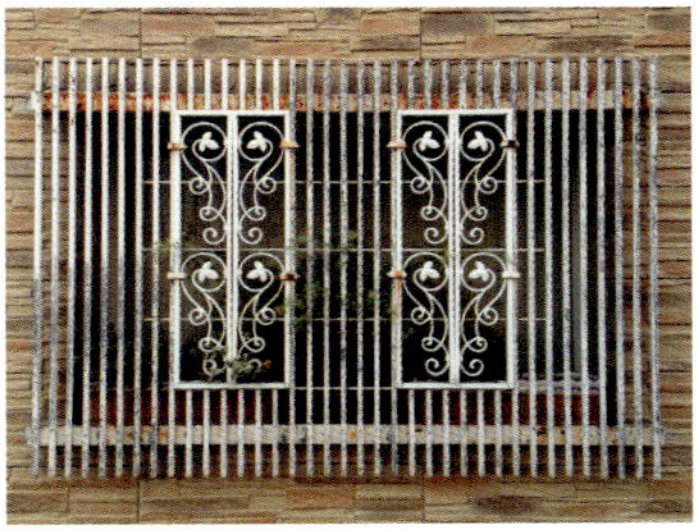

面格子コレクション（写真提供:面格子ファンクラブ）

◆暗渠・川・水路跡視点

暗渠《あんきょ》とは、コンクリート板で蓋をするなど、外から見えない水路のことで、反対にオープンな水路を開渠《かいきょ》という。大阪市内にも戦前までは水路が無数に流れていたが、その多くは下水道として整備され、暗渠らしい暗渠を見ることは少なくなった。今では川や水路の跡の方が比較的見つけやすいかもしれない。どちらを探すのにも共通するのは、下を向き、ただひたすらにその痕跡を辿っていくという行為だ。川や水路の跡は自然堤防など緩い凸部に出会えることも多い。高低差の少ない低地でも、わずかに変化する微地形の楽しみ方があるのだ。ぜひ、下を向いて歩いてみよう。

路地歩き視点

石畳が残る路地

彼らの縄張りに入ってしまったら挨拶を忘れずに。

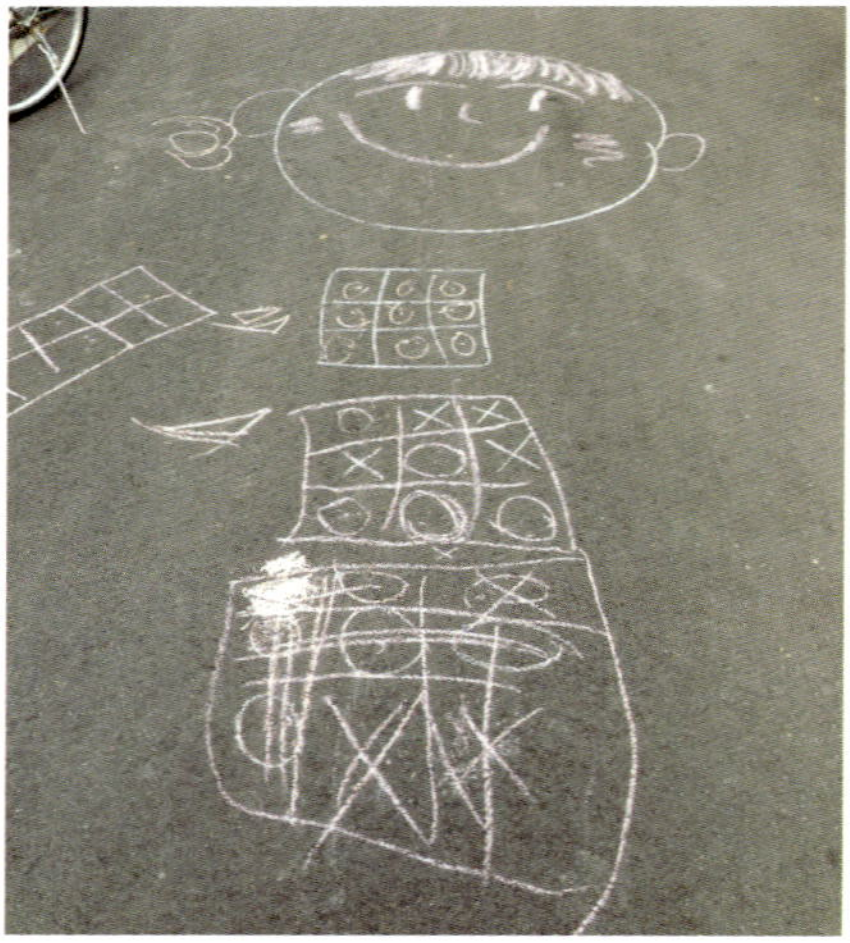

路地は子供の遊び場でもある。

◆境界線視点

町には町割りがあり、町と町の間には境界線がある。地図には境界線が引かれているが、町を歩いてもそれを見つけることは困難だ。それを見分ける一番わかりやすいものは、住所表示板であり、道路元標《げんぴょう》なども境界線を表す目印だ。境界線は、道路の真ん中を通っていたり、住宅の境目にも通っている。川の近くを歩くと、飛び地の住所表記を見つけることもあるだろう。それは昔の川が蛇行していた名残である場合が多いのだ。境界線を意識して町を歩くと、新たな発見につながるかもしれない。

暗渠・川・水路跡視点

中島大水道跡の通路　上を電車が走っているので、水路であった当時の深さのまま遊歩道になっている。

出入橋跡　かつて大阪駅にあった梅田入堀と堂島川を結んでいた梅田入堀川に架かっていた橋で、いまも橋の状態で残っている。

境界線視点

口縄坂の境界線　坂の始まりに街の境界線がある。

◆ドンツキ視点

ドンツキとは、突き当たりや袋小路のことで、そのドンツキを楽しむのも地形歩きのひとつである。ドンツキには様々な形がある。直線道の先がドンツキの場合もあれば、奥に横道があるので行ってみたらドンツキだったという隠れドンツキ、まっすぐ行くと人の家の玄関に辿り着いてしまう玄関型ドンツキなど。古い町ほどドンツキは多く存在しており、そのドンツキの先に小さな祠《ほこら》がある場合もある。ドンツキ視点は寄り道を楽しむ町歩きでもあるのだ。

境界線視点

高麗橋にある里程元標跡　ここは江戸時代の主要な街道の起終点となっていた。

ドンツキ視点

ドンツキの井戸　長屋の共同井戸はドンツキにあることが多い。人が集まりやすく、多くの井戸端会議が行われたのだろう。

ドンツキの地蔵尊　ドンツキは人の視線が集まる場所、そこに祠があればつい足を運んでしまう。

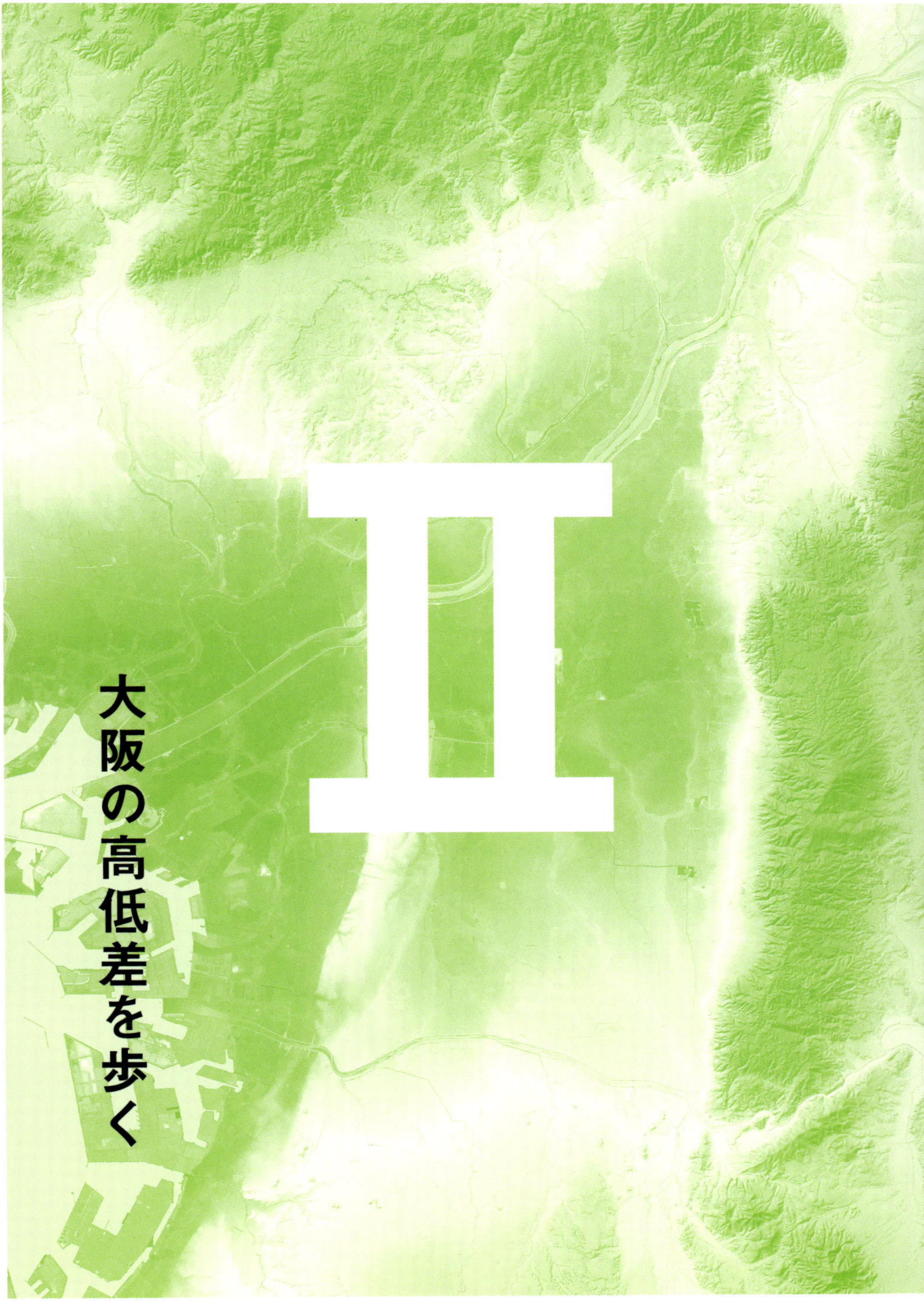

II

大阪の高低差を歩く

上町台地の最先端
大阪城

Osaka Castle

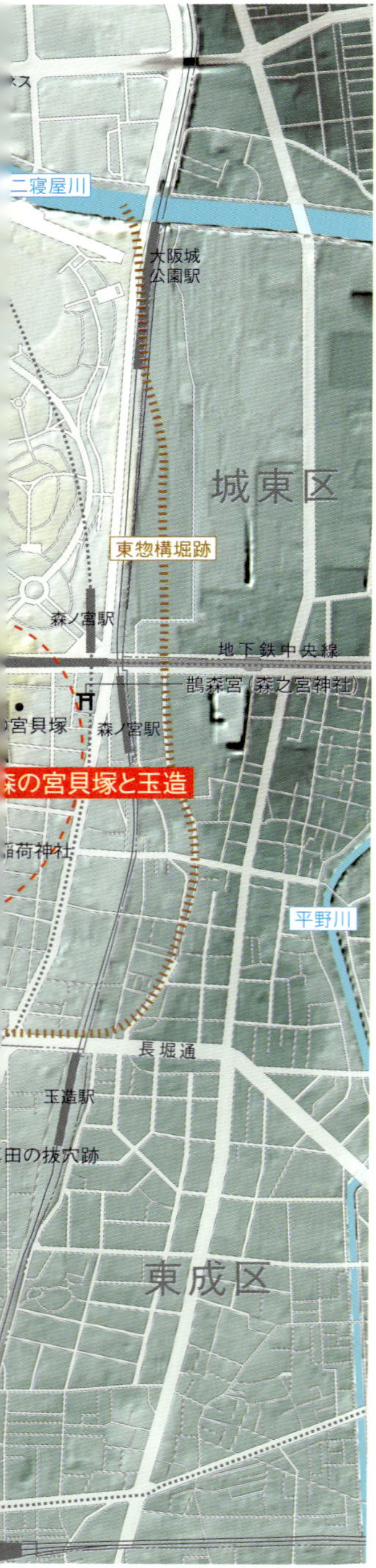

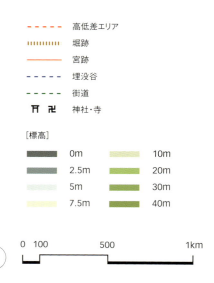

高低差エリア
堀跡
宮跡
埋没谷
街道
神社・寺

［標高］

0m
2.5m
5m
7.5m
10m
20m
30m
40m

N

0 100 500 1km

なにわ橋駅
堂島川
北浜駅
土佐堀川
京阪中之島線
JR京阪本線
土佐堀通り
寝屋川
2.崖下の八軒家船着場
北浜駅
天満橋駅
坐摩神社
行宮
八軒家
船着場跡
天満橋駅
本丸谷
大手前谷
豊臣大坂城天守閣
天守閣
阪神高速1号環状線
1.大阪城3つの谷
熊野街道
本町通
堺筋本町駅
阪神高速13号東大阪線
谷町四丁目駅
前期難波宮跡
3.龍造寺の谷筋
中央区
龍造寺町
宝泉寺
東横堀川
松屋町駅
谷町六丁目駅
長堀橋駅
4.秀吉時代の空堀を探せ
空堀商店街
南惣構堀跡
心眼寺
真田丸跡
地下鉄堺筋線
松屋町筋
地下鉄谷町線
上町筋
5.真田丸を探せ
6.高津宮神社と梅川
道頓堀川
高津宮神社
梅乃橋
天王寺区
日本橋駅
近鉄日本橋駅
近鉄奈良線
谷町九丁目駅
上本町駅
上本町駅

上町台地の中で最も高い場所は、標高が約31ｍある大阪城本丸エリアである。現在の大阪城は徳川期に拡張されたもので、豊臣期の大坂城は地上から跡形もなく消え去ってしまった。調査によると、本丸エリアの地下約７ｍの位置に豊臣期の本丸の石垣が確認されている。豊臣期の大坂城は、上町台地の洪積層の上に盛土をして石垣を築いていたが、徳川期にはそれらにまるごと土をかぶせてしまい、しかも数メートルもの盛土をしたようである。

実際に大阪城の周囲を歩いてみるとその城郭の壮大さに驚く。城郭の下に埋もれる豊臣大坂城をイメージしてみれば、元の地形も見えてくるようだ。大坂城の地下には、石山本願寺や生國魂《いくくにたま》神社の遺構なども眠っている。大阪城周辺は、都市化が進み地形も大きく変わってしまったが、わずかな地形の変化を探し出すことで、失われた豊臣秀吉時代の風景に出会うことができるかもしれない。

1　大阪城の３つの谷と水源

最新の地形研究から、大阪城内には３つの谷があったことがわかってきた。大阪城の北側に本丸谷と大手前谷が、東側には井戸曲輪谷があった。本丸谷は豊臣期大坂城の西内堀に利用され、大手前谷は西外堀に利用されていた。井戸曲輪谷は築城時に埋め立てられたようであるが、その名残らしき急崖が今も残っており、昔の谷を想起させてくれる。

豊臣大坂城は１５８３（天正11）年９月に普請が行われ、１５８５年４月には天守及び本丸が完成している。さらに二の丸、惣構堀の工事の後、１５９９（慶長４）年に三の丸の拡張工事が終わり完成した。中でも本丸部分は石山本願寺の跡を利用して築かれており、それらの城壁や堀は自然地形を利用していたと思われる。

ところで、城の築城で最も大事なことのひとつに飲料水の確保が挙げられる。江戸城や仙台城は築城時に神田上水や四ツ谷用水の工事も同時に行われたが、大坂城にはそのような工事の記録が残っていない。また、内堀や外堀の水位は横を流れる旧淀川や旧大和川の水位より数メートル高い場所にあるのだが、水堀の水源はいったいどこなのだろうか？

当時、日本でキリスト教の布教活動を行っていたイエズス会宣教師ルイス・フロイスが執筆した『フロイス日本史』の中に、大坂城築城時の堀の工事に関する興味深い記述が残っている。「……各自は割り当てられた場所に石を据えるのに、夜間大勢の人手を要し、彼らは地下から激しい勢いで湧き出る水を汲み取ることに精一杯であった」とあり、地下水が豊富であったことが記録からも読み取れるのだ。現在の堀も一部を除いて水源は地下水と雨水であるという。しかも堀によって地下水脈がバラバラで、水位もそれぞれ違うようだ。大阪城内では、飲料水を得るために多くの井戸が掘られた。このように、大阪城は自然地形を活かした要害地でありながら水が豊富に得られるという、まさに奇跡の土地であったのだ。

金明井戸　城内には井戸跡がたくさん残っているが、これは徳川期の1624（寛永元）年に掘られたもので、屋形は1626（寛永3）年のものである。

本丸谷と西の内堀　石垣は徳川による改修工事で造られたものだが、谷地形を利用して造られている。

2 崖の下にあった八軒家船着場

上町台地北端部の西側には、高さ数メートルの崖が東西に続いている。その崖の下にあったのが八軒家船着場《はちけんやふなつきば》である。江戸時代は京都と大阪を結ぶ三十石船が発着する船着場として賑わい、船宿が八軒並んでいたことから八軒家と呼ばれるようになった。平安時代の頃から熊野詣が盛んになり、京都を出た船はこの地に上陸し、窪津《くぼつ》王子社に御参りをして旅の無事を祈ったといわれている。ちなみに、窪津王子社は坐摩神社《いかすりじんじゃ》の近くにあったようだ。

この地は、江戸時代以前は渡辺津《わたなべのつ》と呼ばれ、頼光四天王の筆頭として知られる渡辺綱《わたなべのつな》を祖とする渡辺党という武士団の本拠地で、瀬戸内海の水軍を統轄していた場所でもあった。豊臣秀吉は、大坂城を築城する際、渡辺党とこの地の守護神である坐摩神社を移転させてしまったのだ。

江戸時代の八軒家船着場は埋め立てられ、現在は土佐堀通りの下に埋もれている。船着場のすぐ南側にあった崖は、石積みの擁壁となって、当時の面影を今に伝えている。八軒家船着場で下船した旅人は、急な坂道や階段を上り、大坂を南下していったのだ

中之島剣先から八軒家浜船着場を望む　水上バスが大川を行き来している。

石積みの擁壁　最も下の段は、形が不均等な自然石で積まれているため、かなり古いものであると想像できる。

ろう。現在、大川沿いには八軒家浜船着場が整備されている。主に観光船の船着場であるが、人の往来が途切れることがなかった当時の賑わいを想像してみてはいかがだろうか。

3 龍造寺の谷筋

古代の上町台地北端部には多くの谷があった。現在では谷の多くが埋め立てられ、その痕跡を見つけることは困難だが、なぜこれほどまでに谷を埋める必要があったのだろうか。その理由は発掘調査のデータからわかってくる。谷の埋め立ては、大きく分けて3時期に分けられる。一番深い所は、飛鳥時代の7世紀頃、前期難波宮造営の時期に埋められている。16世紀後半に豊臣秀吉が大坂城を築いた時期に再び大規模な整地が行われ、その後、大坂夏の陣の後にも厚い整地層が残っている。これらは難波宮跡に近い龍造寺谷の谷頭での調査結果だが、他の谷も同じような時期に埋め立てられたと考えられる。西北端部の釣鐘谷や本町谷などは豊臣期に盛土が施され、完全に姿を消している。もともと谷の多い上町台地の北端部は、平坦地が少ない。そんな場所に宮殿が2回も造られ、大坂城が築城されたのだから、平坦地の確保のため、

龍造寺の窪地　大きく窪んだ谷底を左側に入っていくと、さらに複雑な高低差に出会うことができる。

石の階段　上町台地北端の崖を示す象徴的な場所である。

谷は埋める必要があったのだろう。

龍造寺町周辺は、谷の痕跡をわずかに残す凸凹地帯である。地名の由来は、秀吉時代に龍造寺氏の屋敷があったことに因《ちな》むようだ。屋敷は谷の高低差を巧みに利用して建てられていたのかもしれない。周辺には今でも古い長屋が残っており、昔ながらの懐かしい風景と、ちょっとした迷路に迷い込む楽しさを味わえる場所でもあるのだ。

4 秀吉時代の空堀を探せ

上町台地西側の緩やかな傾斜地に空堀《からほり》商店街がある。この辺りは戦時中に空襲を免れたため、古い町屋や長屋が残る、昭和の風情が色濃いエリアだ。商店街から裏道に逸《そ》れると突如として高い石積みの擁壁が現れたり、窪地に出会ったりする場所が点在している。この地域一帯は、空堀という名前からもわかるように、豊臣大坂城の南惣構堀《みなみそうがまえぼり》があった場所でもある。惣構とは大坂城の最も外側の防御線で、北側は旧淀川（大川）が堀の役割を

らくだのこぶのような地形　龍造寺町の埋没谷があった場所にはこのような凹凸が残っている。

長屋と宝泉寺の外塀　石積みの擁壁からもわかるように、ここは谷との境界線でもある。

し、東側は猫間川《ねこまがわ》を利用して東惣構堀が造られ、西側は東横堀川が西の惣構堀の役割を果たしていた。防衛を考える上で最も脆弱《ぜいじゃく》である南側に造られたのが南惣構堀なのである。

「南ノ一方ノミ地続キナレドモ、之亦鰻谷ヨリ東ヱ幅十間ノ堀切」（『慶元記』）

「石垣ナシ、タタキトイ（土居）」（『大坂陣山口休庵咄』）

これらの記録からもわかるように、幅約18m（十間）の堀には石垣は使われず、土居（土塁）が築かれていた。しかし、大坂冬の陣の和睦の条件として徳川方に徹底的に埋め立てられてしまい、当時の正確な記録も残っていないことから、南惣構堀があった正確な場所はいまだにわかっていない。

空堀商店街周辺には擁壁や窪地が点在しているが、それらは南惣構堀の直接の跡ではない。大坂の陣の後に大坂の復興を命ぜられた松平忠明は、南惣構堀の跡地を、瓦屋寺嶋藤右衛門請地《うけち》や高津屋吉右衛門肝煎地《きもいりち》とした。これらの土地は瓦土取場や畑となり、その後住宅地にな

階段の下に広がる窪地　高津屋吉右衛門肝煎地であった場所だが、この先に惣構堀があったと思われる。

空堀跡　空堀商店街からひと筋入るとこのような高低差が現れる。惣構堀があった想定地だが、擁壁は後に造られたものであろう。

っているのである。現在見られる擁壁や窪地は、その瓦の土を取った跡の遺構であると思われるが、空堀を埋めた跡である可能性が高い場所でもあるのだ。

5　真田丸を探せ

大坂冬の陣は、大坂方10万に対し徳川方は30万と大軍勢同士の戦いであったが、大坂方が籠城戦術を採ったため、華々しい戦いの記録はあまり残っていない。惣構の間際を四方八方から取り囲んだ徳川方は、城兵と激しく鉄砲戦を繰り返すも、どうしてもその先に進むことができなかったのだ。こうした状況下で、惣構の出城である真田丸《さなだまる》で激しい交戦があり、大坂方が快勝する戦いがあったが、それを指揮したのが真田幸村こと真田信繁《のぶしげ》である。真田丸周辺では、その後、惣構掘の先に抜ける大規模な坑道掘りが始まり、掘り進むに従って、掘った土がうずたかく積まれた山がいたるところにできたようである。そんな中、水面下で行われていた和睦交渉がまとまり、冬の陣は終わることになる。

瓦屋寺嶋藤右衛門請地（瓦土取場）　高津屋吉右衛門肝煎地　南惣構堀推定地

＊カシミール3Dで作製した地形図に内務省地理局測量課が明治19年に作製した『大阪実測図』を重ねている。

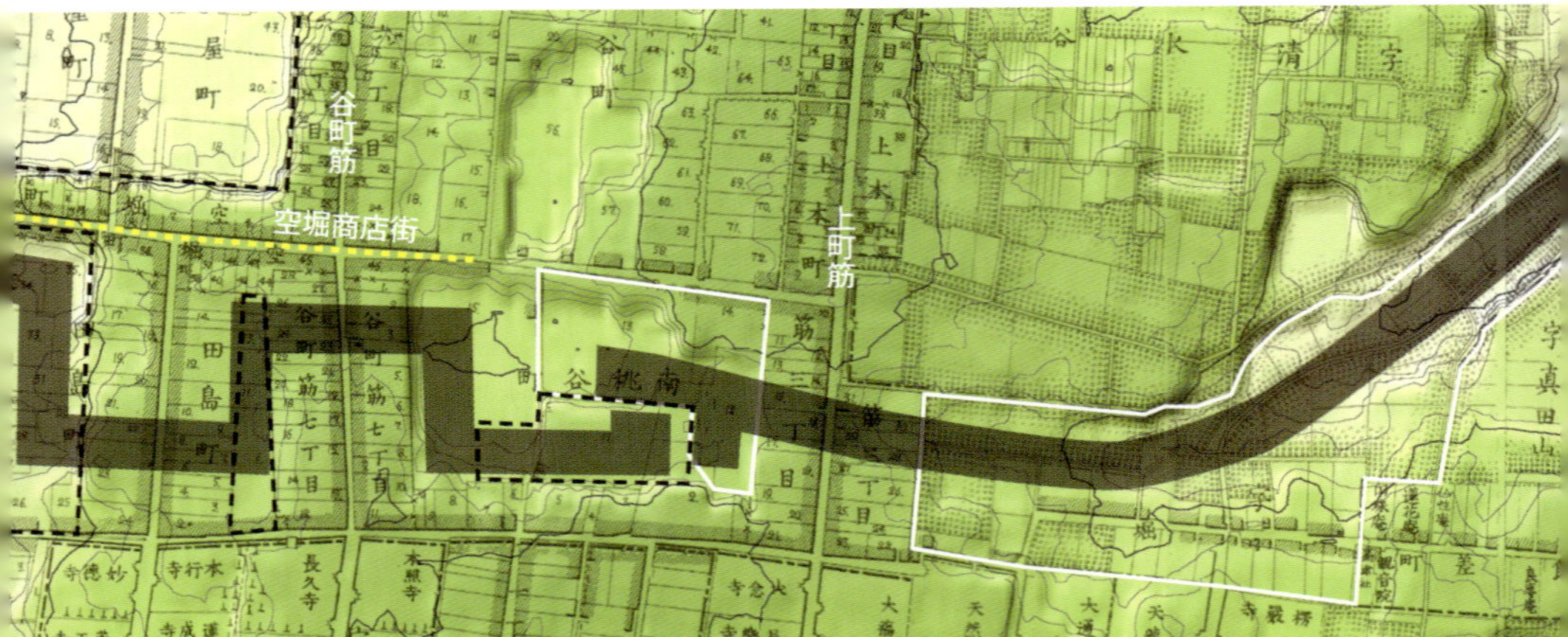

南惣構堀想定地　地形の高低差と請地、肝煎地から想定している。

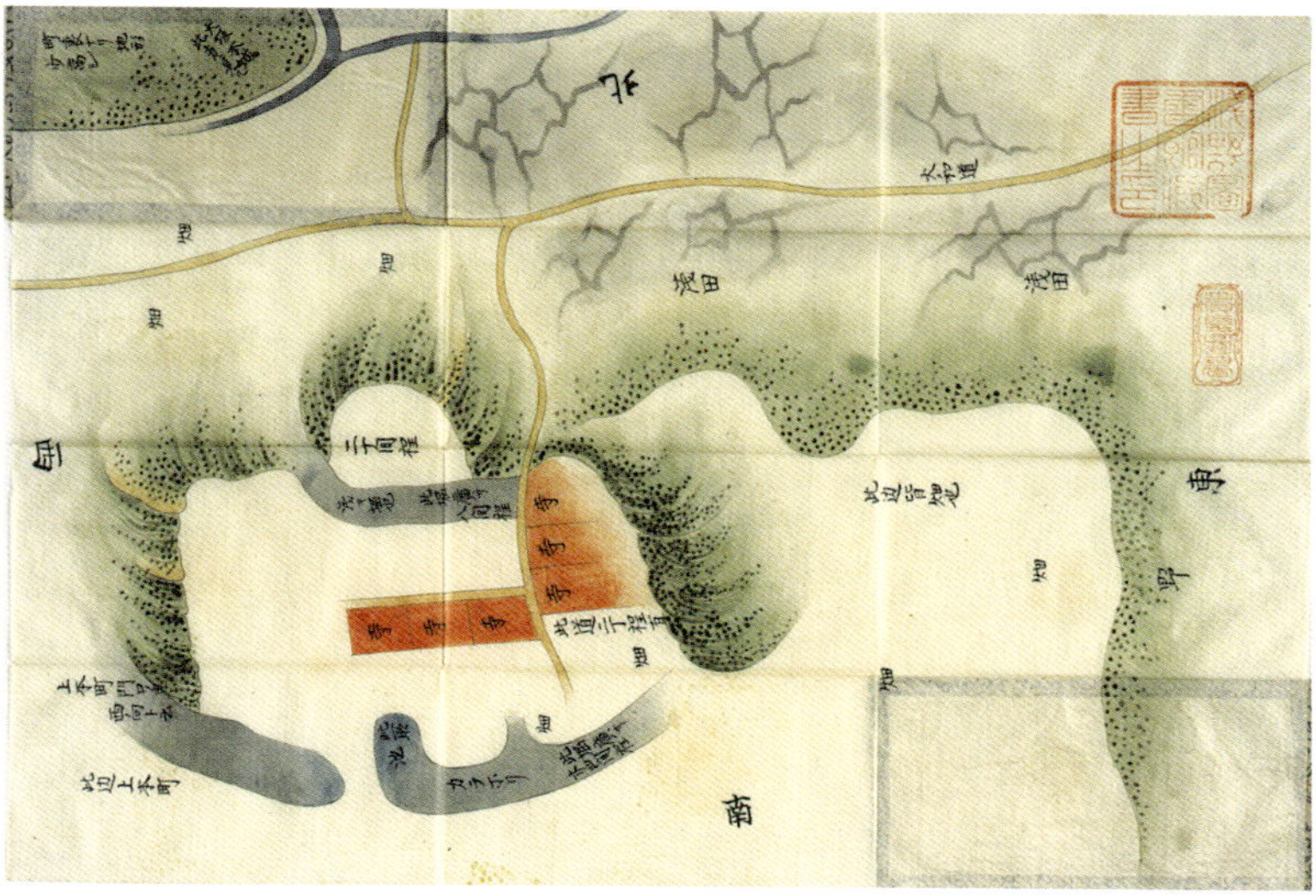

浅野文庫蔵 「諸国古城之図」より「摂津 真田丸」 謎が多かった真田丸の姿のヒントがこの絵図に詰まっている。（広島市立中央図書館蔵）

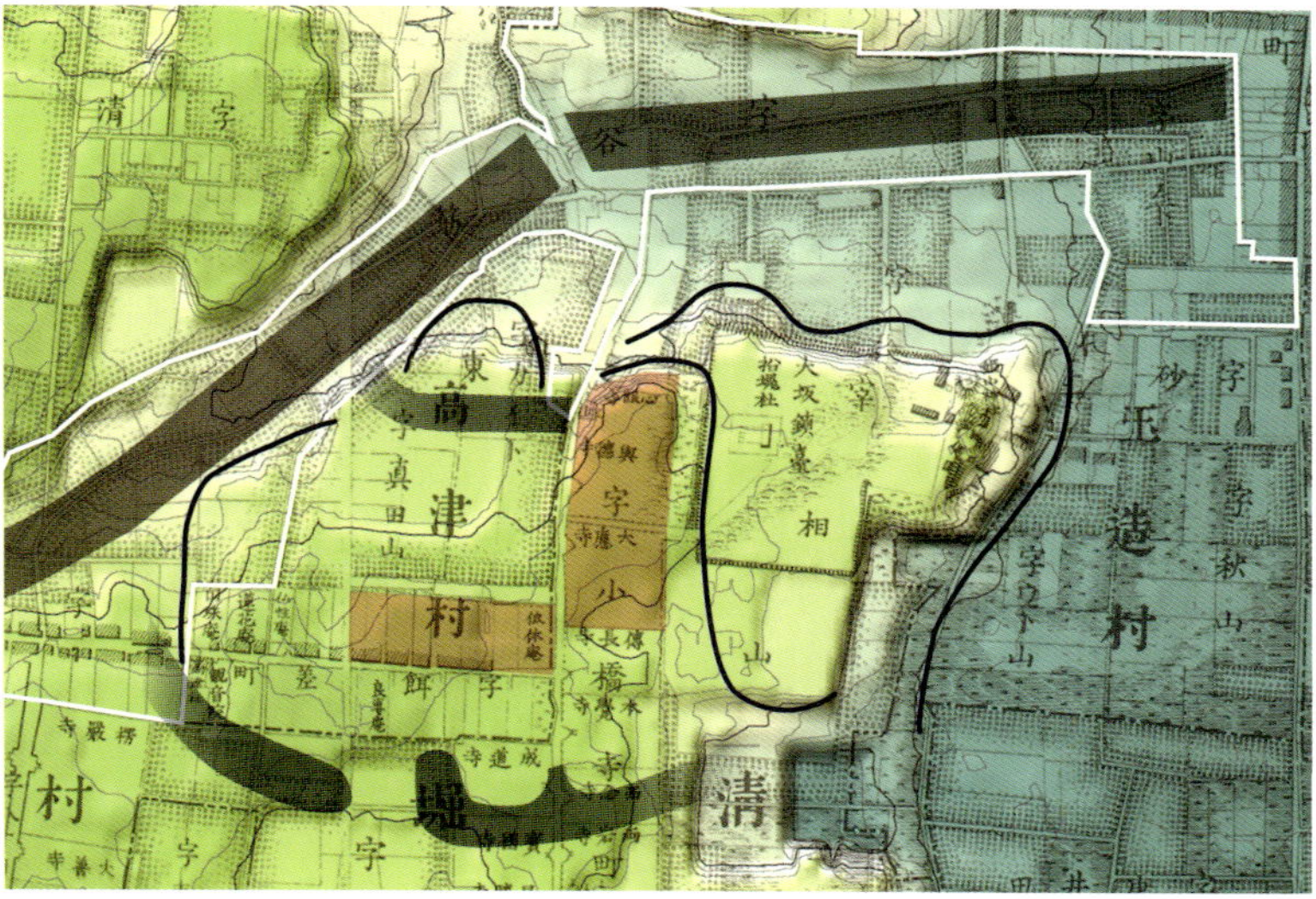

南惣構堀及び真田丸堀跡推定地
高津屋吉右衛門肝煎地
*カシミール3Dで作製した地形図に内務省地理局測量課が明治19年に作製した『大阪実測図』を重ねている。

地形図に真田丸の場所を重ね合わせた図 堀などは当初の形からかなり崩れていることが想像できるが、真田丸の規模はこれに近かったであろう。

真田丸も南惣構堀と同じく、当時の記録がほとんど残っていないため、正確な場所や形がわかっていない。ところが近年、真田丸の資料として、浅野文庫の『諸国古城之図』の「摂津真田丸」の絵図が注目を集めている。この絵図は江戸時代前期に現地で記録されたもので、大坂の陣の後の真田丸の痕跡が記録されている。絵図からは、大坂夏の陣の7年後、1622（元和8）年に、真田幸村父子の冥福を祈り建立したといわれる心眼寺と思われる寺や、惣構堀が埋められ、畑地になっている様子がわかる。この絵図は、現在の地形図と大きな誤差もなく重ねることができ、おおよその真田丸の場所を再現できるのだ。近くの三光神社には、真田の抜穴といわれる史跡がある。大坂の陣の激戦地であったこのエリアは、戦国時代にタイムスリップできる場所でもある。

6 高津宮神社と梅川

高津宮《こうづぐう》神社は、上町台地の高台から少し離れた完全に独立した小島のような地形の上に鎮座しており、本殿正面の参道を除いて三方が急階段になっている。高津宮神社の主祭神である仁徳天皇は、難波に遷都し高津宮《たかつのみや》を上町台地の高台に置いたとされる。高

史跡 真田の抜穴 真田方のものではなく、徳川方が掘った穴ではないかという説もある。

真田丸跡を通る坂道 右側には寺が並び、左側は学校のグラウンドになっている。

津宮神社は、平安期にその旧跡の遺跡を探索して社殿を築いたのが創始といわれており、豊臣秀吉が大坂城の築城の際、比売許曽《ひめこそ》神社のある現在地に移転させたのだ。

参道には石造りの梅乃橋が残っており、かつてはこの下を梅川が流れていた。梅川は別名を梅津川と称して、川下は道頓堀の辺りを流れていたようであり、道頓堀川は梅川を掘り広げたといわれている。上町台地は、名水が湧くことで知られていたが、高津宮神社一帯は起伏に富んだ地形で、梅川の水源地も高津宮神社の境内にあったのかもしれない。

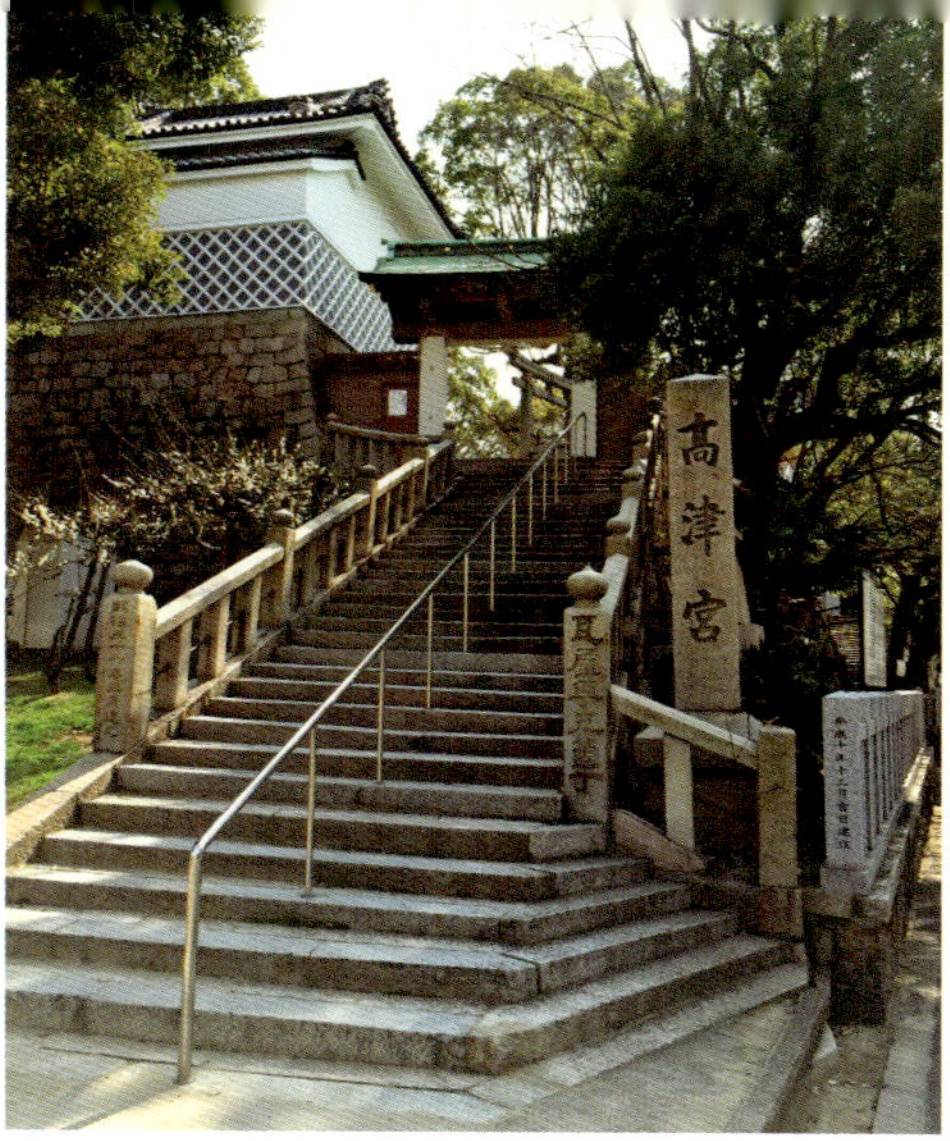

高津宮北坂　表参道は南にあり、西には相会坂と西坂（旧縁切り坂）がある。

梅乃橋　橋のすぐ東側は崖になっているので、この辺りに梅川の水源があったのかもしれない。

7　森の宮貝塚と玉造

上町台地の北東端に位置する森の宮遺跡は、建物の建替え工事が端緒となり、1971（昭和46）年と1974年、1977年に発掘調査が行われた。その結果、縄文、弥生、古墳時代にわたる複合遺跡であることが明らかになり、貝塚からは18体の埋葬人骨が発見されている。貝塚は、当時の人々が食べた貝殻等を捨てるゴミ捨て場であるが、動物や魚の骨、石器や土器などが出土することから、当時の生活を明らかにするタイムカプセルのような場所でもあるのだ。

貝塚の規模は西日本最大規模で、東西に約45m、南北に100m以上、厚さ2mにも達する。下位層にはマガキの貝殻が圧倒的に多く、上位層はセタシジミが多くを占めていた。この地域に人が住み始めたのは縄文時代中期（約5000年前）と考えられている。縄文時代後期（約4000年前）の河内湾の時代に海産のマガキの貝塚がつくられ、動物や魚などを獲って暮らしていたようだ。縄文時代晩期（約3000年前）には、河内潟が淡水化するにつれて、貝の種類が淡水産のセタシジミ主体に変わっている。貝塚の層からは九州や関東の土器が混ざり、広域の文化交流があったようである。弥生時代（約2300年前）には、米作りをしながら貝や魚をとっていた痕跡が残り、古墳時代の形象埴輪の断片も発見されていることから、近くに古墳があっ

日生球場跡から東側を望む　黄色い建物（森ノ宮ピロティホール）の地下から森の宮貝塚が発見された。

たこともうかがえる。ここは河内平野の形成過程がわかる貴重な貝塚であり、梶山・市原両氏が示した、河内湾から河内潟、河内湖へという河内の海の変化は、貝類と魚類の種類の変化により裏づけられたのである。

森の宮遺跡の少し南側の丘の上には玉造稲荷神社がある。

この辺り一帯は、古墳時代の4世紀頃にヤマト政権に所属していた玉造部《たまつくりべ》の居住地であり、装身具などに用いられた勾玉《まがたま》や管玉・平玉などを製作していた場所である。『日本書紀』に「難波玉作部」の名が見えることから、奈良期から続く古い地名であることがわかる。この地域は、聖徳太子が物部守屋を倒し四天王寺を草創した最初の場所だともいわれている。それらは『扶桑略記』『元亨釈書』に記されており、『聖徳太子伝私記』にも「摂津国玉造岸上立之……」と記されている。すぐ近くの鵲森宮《かささぎもりのみや》（森之宮神社）にも元四天王寺の伝承が残っていることから、この辺りの岸辺に創建され、のちに現在地（現天王寺区）に移建されたと考えられるのだ。

玉造稲荷神社北側の坂道　丘の上に玉造部の集落があったのかもしれない。

玉造稲荷神社　古代には玉造部の居住地があった丘であり、豊臣大坂城の時代は三の丸があった場所でもある。

道頓堀
堀川開削と町の拡張

Dotonbori

高低差エリア
川跡
神社・寺

［標高］

-1m
0m
1m
2.5m
5m
10m
20m
30m

N

0　100　500　1km

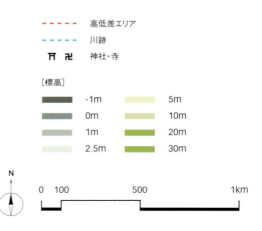

福島駅
新福島駅
阪神本線
堂島川
渡辺橋駅
京阪中之島線
大江橋駅
淀屋橋
淀屋跡
淀屋橋駅
4.中之島の開拓
中之島
中之島駅
福島区
肥後橋
淀屋橋駅
常安橋
土佐堀川
西横堀川跡
背割下水の段差
江戸堀川跡
5.下船場の飛行場
靱飛行場跡
北御堂跡
1.船場の
永代浜の楠
船場（慶長
京町堀川跡
阿波座堀川跡
海部堀川跡
本町駅
本町駅
阪神高速1号環状線
百間堀川跡
阿波座駅
2.堀川の拡張
薩摩堀川跡
地下鉄中央線
南御堂跡
立売堀川跡
木津川
西区
なにわ筋
地下鉄四つ橋線
御堂筋
心斎橋筋
井池筋
西長堀駅
地下鉄鶴見緑地線
西大橋駅
長堀川跡
西長堀駅
四ツ橋駅
心斎橋駅
地下鉄千日前線
堀江川跡
地下鉄御堂筋線
大阪ドーム前千代崎駅
ドーム前駅
3.道頓堀川・長堀川の開削
道頓堀川
6.安政大津波の碑
安政大津波の碑
桜川駅
桜川駅
竹本座跡
汐見橋駅
阪神なんば線
大阪難波駅
JR難波駅
なんば駅
なんば駅
近鉄日
大正駅
浪速区

上町台地の北部を「上町」と呼ぶようになったのは、下町に船場《せんば》ができてからである。船場の開発は、1598（慶長3）年の「大坂町中屋敷替《おおさかちょうちゅうやしきがえ》」によって本格的に始まった。このとき、豊臣秀吉は幼い秀頼《ひでより》の安全をはかるために大規模な工事を行っている。それは、大坂城の惣構内に三の丸（城壁と曲輪）を築造し、商人や職人などを郭外に移転させ、郭内を武家で固めるというものであった。さらに土地の嵩上《かさあ》げも広範囲に行われており、場所によっては5mにも及ぶ嵩上げが行われた土地もあった。移転させられた商人や職人達には、代替地として船場の土地が与えられた。当時の大坂は2年前に起こった慶長伏見地震で大きな被害を被っており、特に堺は壊滅的な被害を受けていた。堺からも多くの人が船場へ移ってきており、この大工事には、震災からの大復興事業という側面もあったのだ。

1　船場の誕生

船場は難波砂州の上にあり、低地であるが土地は乾いていたと思われる。「大坂町中屋敷替」の普請が始まると、この地に長くまっすぐな道路で区分けした敷地が整備され、商人や職人の家屋が同じ軒の高さになるように次々と建てられていった。船場の西端では、天満本願寺の坊舎が津村（北御堂）に移され、道修町にあった大谷別院（南御堂）は難波村に移されて、両御堂が成立することになる。

船場は東の丘の上にある大坂城の西側にできた町なので、東西がメインの「通り」として発達し、南北は「筋」と呼ばれ横町となっていった。南北を通る東横堀川と西横堀川が横堀と名付けられたのはそのためである。ちなみに、御堂筋や堺筋が幹線になったのは、市電を通すために道路が拡幅された近代以降からだ。

船場では、家と家が背中合わせになった狭い路地に下水溝が造られた。背を割って造られたことから背割《せわり》下水

（太閤下水）と呼ばれ、初期は素掘りであったが、後に石で護岸され漆喰《しっくい》をほどこした開渠になった。町内の生活排水や雨水は大下水道に集められ、横堀に排出されていたのだ。また、道路脇にも溝が造られた場所があり、ここが計画的につくられた町であったことがうかがえる。地形的に見ると、船場エリア全体が東から西へ緩やかに傾斜している。背割下水の多くが東西線に造られていたことから、船場の排水のほとんどは西横堀川に流れていたと考えられる。

京町堀に残る背割下水暗渠　東から西に向かって段差ができているが、当時の背割りが西側に傾斜していた名残であろう。

背割下水の暗渠　背割下水は暗渠としてこの下を通っている。

太閤下水　江戸時代初期に造られたものが現役で使用されている。見学可能な背割下水があるのは上町地区だが、船場エリアにもかなりの数の背割下水が暗渠として地下に残っている。

2　堀川の拡張

大坂城下町が発展するのに伴って、船場だけでは土地が足りなくなるのは時間の問題だった。次に開発が行われたのが、下船場といわれる西横堀川以西の土地であったが、当時の下船場は、土地が湿潤でとても人が住める場所ではなかった。そこで行われたのが、川を掘ってその揚げ土で両岸に盛土をして土地を造成していく方法であった。こうして1600（慶長5）年には阿波座堀《あわざぼり》川が開削され、その次に開削されたのが道頓堀川だった。道頓堀が掘られた船場の南端では、東横堀川と西横堀川が堀留めになっていたため水の流れがほとんどなく、川水の汚濁が問題になっていたと推測される。道頓堀川は、東横堀川の南端を木津川まで通すことで、掘った揚げ土によって嵩上げして土地を開拓するだけでなく、悪水問題をも一気に解決したのだ。一方、西横堀川はその後南側が開削され、道頓堀とつながった。大坂の陣以降は、京町堀川、江戸堀川、海部《かいふ》堀川、長堀川、立売堀《いたちぼり》川、薩摩堀川が1630（寛永7）年までに、1698（元禄11）年に堀江川が開削されて、近代まで続く大坂の運河網がほぼ完成し、城下町の範

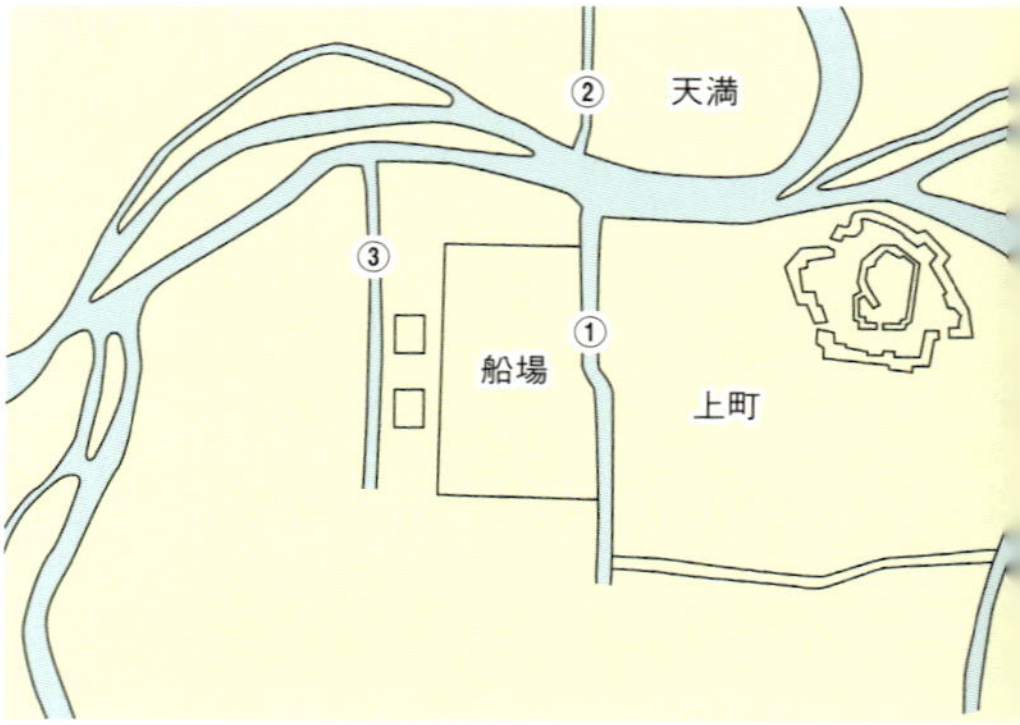

船場が開発された当初の堀川　①東横堀川／②天満堀川／③西横堀川

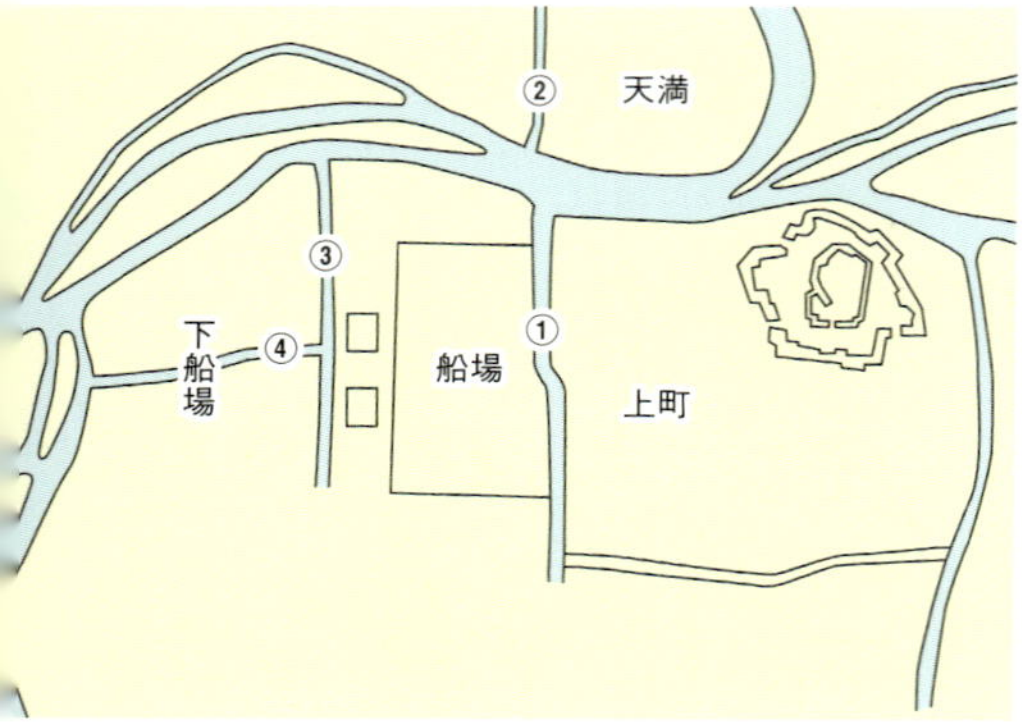

阿波座堀川が開削され下船場が開発された頃　①東横堀川／②天満堀川／③西横堀川／④阿波座堀川

囲が大きく広がったのである。

ちなみに、下船場は西に行くほど地盤が低くなるため、実際に掘った土で嵩上げしていくと、西端では嵩上げの土が余計にいるので、堀の幅がどんどん広くなるという現象が起きていたようだ。道頓堀川の場合は、東端で幅20間（約36・4m）だったものが西端では34間（約61・8m）もあったようである。やがて明和期（1764〜1771年）に堀川の川幅は縮小され、両岸に築地が造成され、水運交通がさらに発展していくことになるのである。

3　道頓堀川・長堀川の開削

道頓堀川の開削は、1612（慶長17）年に成安道頓《なりやすどうとん》を指導者として着手された。梅川（梅津川）の川筋を利用して掘られ、大坂の陣で中断したが、大坂の陣が終わったその年に、平野藤次郎と安井九兵衛道卜《どうぼく》によって完成した。大坂の町づくりにおいて芝居は勘四郎町に集められていたが、安井九兵衛道卜の請願により道頓堀に芝居町が移されることになる。1626（寛永3）年、芝居小屋の設立が許されると、川に背を向け芝居小屋が建てられてゆき、繁昌するにしたがって南側に移り建物も大きくなってい

海部堀川跡に残る永代浜のクスノキ　堀川の多くは埋め立てられてしまい、堀川の名残を見つけることは難しいが、このクスノキは、唯一当時の記憶を今に残してくれている。

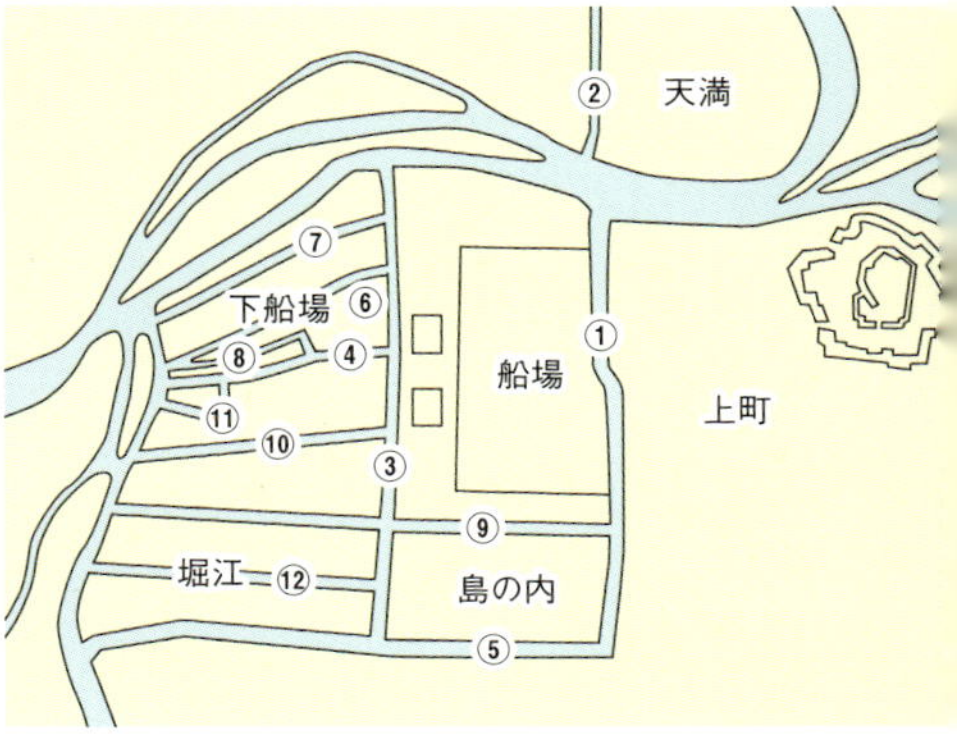

1698年頃の堀川　①東横堀川／②天満堀川／③西横堀川／④阿波座堀川／⑤道頓堀川／⑥京町堀川／⑦江戸堀川／⑧海部堀川／⑨長堀川／⑩立売堀川／⑪薩摩堀川／⑫堀江川

道頓堀　芝居小屋は姿を消したが、賑わいは変わらない。

道頓堀川　多くの堀川は埋められ今は東横堀川とこの道頓堀川だけが、かつての水の都の面影を残している。

贈従五位安井道頓安井道卜紀功碑　安井道頓でなく成安道頓であることが後年「道頓堀裁判」でわかった。

竹本座跡の碑　『曽根崎心中』の成功などで繁栄を極めた人形浄瑠璃の劇場跡も今はひっそりとしている。

った。江戸時代中頃には、道頓堀で櫓《やぐら》を上げることを許された芝居小屋は8軒もあり、浄瑠璃や歌舞伎が上演された。近松門左衛門の「曽根崎心中」が竹本座で上演（1703年）され大当たりしたのもこの頃である。通りの南側を占めた大きな芝居小屋を大芝居と呼び、川沿いには小芝居や見世物などの小興行小屋が並び、道頓堀は大坂第一の歓楽街となっていったのだ。長堀川は、1619（元和5）年に岡田心斎《おかだしんさい》ら4人により開削が始まり、1622（元和8）年に完成した。長堀川も鰻谷と呼ばれる窪地を利用して開削されたといわれるが、鰻谷に関する資料はほとんど残っていない。鰻谷もかつては上町台地から流れる川で、その川跡が窪地として残っていたのかもしれない。

これらの開削は、町民らが請け負ってその費用を負担し、造成された土地の権利を所持するという、民間の資本によって行われてきた。かつて大坂の町名や地名には、こうした開発を請け負った個人の名が多く付けられていた。宗右衛門町《そうえもんちょう》はわずかに残る名残だが、道頓堀や心斎橋も開発を請け負った人物の名前なのである。

4　淀屋常安と中之島の開拓

江戸時代前期、大坂の豪商として淀屋があり、その初代当主が淀屋常安《じょうあん》こと岡本常安（与三郎）である。常安が最初に名を馳《は》せたのは淀川築堤《ちくてい》工事であった。豊臣秀吉が命じた淀川築堤工事（文禄堤《ぶんろくづつみ》）の中流域、四十八町分を請け負ったのだ。当時、台風により淀川が氾濫した後で難工事が予想され請負手がなかったが、土木の技に秀でていた常安は自ら願って引き受けたという。

しかし、完成後の1596（文禄5）年に慶長伏見地震が起き、その後の台風により堤は決壊。常安は、私財をなげうって昼夜兼行の修復作業を行ったようである。秀吉はこれを知って労《ねぎら》い、金銀と褒賞品を与え、「商いすべて勝手たるべし」とお墨付きを与えたという。その後、大坂の十三人町（後の大川町、現在の大阪市中央区北浜四丁目）に居を構え、木材商を営みながら事業を拡大させていった。

そんな時代、淀屋の前を流れる淀川には葦《あし》と雑木が生い茂る荒れ果てた中洲があった。誰もその利用価値に気づいていなかったが、常安はその中洲の開拓を願い出、「常安請地」として開拓を始めたのだ。中之島の開拓は、１６１９（元和５）年に竣工《しゅんこう》し、淀屋は土佐堀川沿岸に邸地二町歩を賜り、その地を常安町と呼んだ。現在、常安町の地名はなくなったが、土佐堀川には常安橋が架かり、常安の名を今に残している。

5　下船場の飛行場

大阪市内は、戦時中の空襲により建物のほとんどが焼け落ち焦土と化した。焼け残った一部の鉄筋コンクリート造の建物は、戦後、進駐軍に接収された。住友ビル（現三井住友銀行本店）、日本生命ビル、新大阪ホテル、朝日ビル、安田ビル、石原産業ビル、ガスビル等である。当時、大阪府下には約2万８０００名もの米兵が駐留しており、物資や人を運ぶには飛行場が不可欠であっ

淀屋の碑　淀屋橋のたもとに立派な淀屋の碑が設置されている。

常安橋の親柱　常安が開拓した中之島は、各藩の蔵屋敷が建ち並び物資流通の拠点になっていった。

た。大阪には伊丹エアベース（現大阪国際空港）と大正飛行場（現八尾空港）があったが、どちらも大阪市内中心部からは遠く、近郊に新たな飛行場が必要であった。そこで選ばれたのが、焼け野原になった下船場の靱《うつぼ》地区だったのである。靱地区は、南北を阿波座堀川と京町堀川に、東西を西横堀川と百間堀川に囲まれた東西に細長い島で、海部堀川が鉤括弧《かぎかっこ》のような形で島の西側を通っていた。元々低湿地帯を埋め立てた下船場の土地は平らで、空襲によって建物はほとんどなく、滑走路を造るには最適であった。靱飛行場は、1952（昭和27）年まで存在していたが、戦災復興区画整理事業として公園に整備されることになり、1955年に現在の靱公園が完成している。かつての飛行場は、豊かな緑を蓄え、今では市民の憩いの場になっているのだ。

6　安政大津波の碑

道頓堀川の西端、大正大橋の東詰北側に「大地震両川口津浪記」という石碑がある。約160年前に大阪を襲った大津波の犠牲になった人々の慰霊と、津波の記録を後世へ語り継ぐ目的で建てられたものだ。石碑の横には現在の言葉に置き換えて表記し

公園整地の碑　この小さな碑が、飛行場跡であったことを教えてくれている。

靱公園　現在は人工的に丘を造り真ん中を川が流れている。大阪人は潜在的に高低差を求めているのかもしれない。

たパネルも設置されており、若い人にも読みやすくなっている。先人が我々に残してくれたメッセージを本著にも残しておきたい。なお、読みやすさを考慮して一部手を入れさせていただいた。

嘉永《かえい》7年（1854年）、6月14日午前零時ごろに大きな地震が発生した。大阪の町の人々は驚き、川のほとりにたたずみ、余震を恐れながら4、5日の間、不安な夜を明かした。この地震で三重や奈良では死者が数多く出た。同年11月4日午前8時ごろと翌日の5日午後4時ごろに再び大地震が起こる。家々は崩れ落ち、火災が発生し、一段落したと思った日暮れごろ、今度は雷のような音とともに一斉に津波が押し寄せてきた。

安治川はもちろん、木津川の河口まで山のような大波が立ち、東堀まで約1・4mの深さの泥水が流れ込んだ。両川筋に停泊していた多くの大小の船の碇やとも綱は切れ、川は逆流し、安治川橋、亀井橋、高橋、水分橋、黒金橋、日吉橋、汐見橋、幸橋、住吉橋、金屋橋などの橋は全て崩れ落ちてしまった。さらに、大きな道にまで溢れた水に慌てふためいて逃げ惑い、川に落ちた人もあった。道頓堀川に架かる大黒橋では、大きな船が横転し川をせき止めたため、河口から押し流されてきた船を下敷きにして、その上に乗り上げてしまった。大黒橋から西の道頓堀川、松ヶ鼻までの木津川の、南北を貫く川筋は、一面あっという間に壊れた船の山ができ、川岸に作った小屋は流れてきた船に

大地震両川口津浪記石碑（裏）　今も墨入れが市民によって行われ保存されている事例は、全国でもまれであろう。

よって壊され、その音や助けを求める人々の声が付近一帯に広がり、救助することもできず、多数の人々が犠牲となった。また、船場や島ノ内まで津波が押し寄せてくると心配した人々が上町方面へ慌てて避難した。

その昔、宝永４年（１７０７年）10月４日の大地震の時も、小舟に乗って避難したため津波で水死した人も多かったと聞いている。長い年月が過ぎ、これを伝え聞く人はほとんどいなかったため、今また同じように多くの人々が犠牲となってしまった。今後もこのようなことが起こり得るので、地震が発生したら津波が起こることを十分に心得ておき、船での避難は絶対してはいけない。また、建物は壊れ、火事になることもある。お金や大事な書類などは大切に保管し、なによりも「火の用心」が肝心である。川につないでいる船は、流れの穏やかなところを選んでつなぎ替え、早めに陸の高いところに運び、津波に備えるべきである。津波というのは沖から波が来るというだけではなく、海辺近くの海底などから吹き上がってくることもあり、海辺の田畑にも泥水が吹き上がることもある。今回の地震で大和の古市では、池の水があふれ出し、家を数多く押し流したのも、これに似た現象なので、海辺や大きな川や池のそばに住む人は用心が必要である。津波の勢いは、普通の高潮とは違うということを、今回被災した人々はよくわかっているが、十分心得ておきなさい。犠牲になられた方々のご冥福を祈り、つたない文章であるがここに記録しておくので、心ある人は時々碑文が読みやすいよう墨を入れ、伝えていってほしい。

安政２年（１８５５年）７月建立

原文の最後に、「願わくば心あらん人、年々文字よみ安きよう墨を入たまふべし」と後世の人に託す文章が刻まれているが、その思いを受け継ぐように、記念碑保存運営委員会の方々が石碑に墨を入れ続けているのである。この碑は、２００６年に大阪市有形文化財に指定された。多くの人に知ってもらいたい石碑である。

低湿地と砂州を巡る 大阪駅

Osaka Station

高低差エリア
川跡
街道
高架橋
神社・寺

［標高］

-3m
-1m
0m
2m
3m
5m
10m
15m

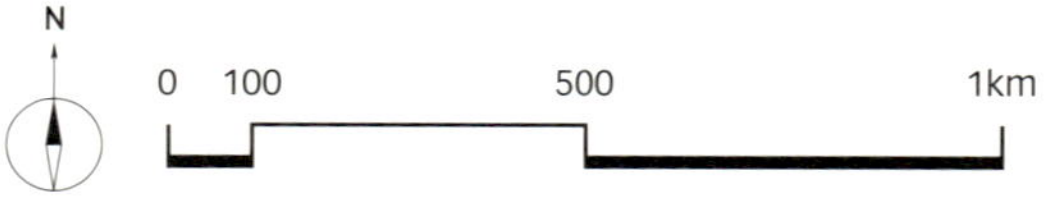

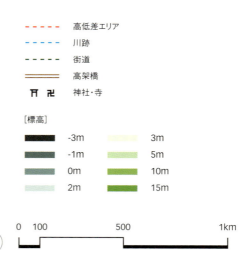

淀川
地下鉄御堂筋線
阪急千里線
JR東海道本線
北区
中津駅
天神橋六丁目
中津駅
阪急京都線
大阪線
中津高架橋
5.中津高架橋の高低差
天神橋筋六丁目駅
天神橋筋商店街
中国街道
中崎町駅
JR大阪環状線
梅田スカイビル
JR梅田貨物線
阪急梅田駅
天満駅
1.地盤沈下した大阪駅
扇町駅
綱敷天神社
梅田駅
大阪駅
太融寺
阪神梅田駅
梅田墓地跡
東梅田駅
天満西寺町
西梅田駅
梅田入堀川跡
北新地駅
蜆川の記念碑
曽根崎新地
4.蜆川の痕跡
南森町駅
天神橋筋商店街
櫻橋南詰の碑
堂島新地
福島駅
堂島
薬師堂
蜆川跡
NTTテレパーク堂島
地下鉄四つ橋線
大江橋駅
堂島川
渡辺橋駅
土佐堀川
なにわ橋駅
天満青物
中之島
淀屋橋駅
北浜駅
京阪中之島線
肥後橋
京阪本線

大阪駅の地名は梅田である。田畑池沼を埋め立てたことから埋田の名がおこり、それが梅田になったといわれる。この地には、行基によってつくられたわが国最初の火葬場を備えた大坂七墓のひとつである梅田墓地があり、明治以前にはまわりに田畑や沼地しかない寂しい場所であった。

明治時代になり鉄道計画が持ち上がると、堂島（現ＮＴＴテレパーク堂島周辺）が停車場の候補地に決まる。商工業の中心部に隣接し、港にも近く建築資材が運びやすいからだ。堂島ではターミナル駅（終端駅）形式が計画されていたのだが、将来を考えると通過駅形式にした方が得策であるという結論に至り、堂島にも近く土地が安い梅田に変更された。「町の真ん中に火の車が走るのはあぶない」という反対運動が起こったことも変更した要因であったようだ。

大阪〜神戸間の鉄道建設は１８７０（明治３）年に始まり、その４年後に開通。１８７７年には大阪〜京都間も開通している。駅構内に入堀ができたのもこの頃で、堂島川から蜆《しじみ》川を横切る梅田入堀川が開削され、大阪駅の西側には貨物施設が集中していくことになる。

1　地盤沈下した大阪駅

大阪駅は段差が多い駅である。改築を重ねていることもあり、以前に比べると段差は減ったように思うが、今でも随所に残っている。実はこの段差は地盤と深い関係があるのだ。

梅田墓地跡　梅田貨物駅構内には工事中に掘り出された墓石を集めて供養している場所があった。

大阪駅が高架駅になったのは１９３４（昭和９）年である。その当初から地盤沈下が起こりだし、１９５７年頃には最大１・８ｍも下がった場所があったという。しかも毎年２・０〜３・３cm程度沈下し、その後も数十年間はそれが続くという報告がされていたのだ。原因は地下水位の低下と地盤にあった。

高架橋を支える長さ６ｍの基礎杭は、軟弱な梅田粘土層に打ち込まれ、地下鉄が下を通る部分では地下約30ｍにある固い地盤である天満層（砂礫《されき》層）まで杭が打たれていた。このことにより、地盤沈下が起きている場所と起きていない場所が生まれ、その不等沈下により線路が急勾配になって列車の運行に支障を来していたのだ。線路の急勾配が原因で車輪がスリップするので砂を撒《ま》いていたほどである。駅構内の床にも段差ができ、そのまま放置できない状態になっていた。

この地盤沈下を止めるために採ったのが、アンダーピニング工法という、実に手間と時間がかかるものであった。この工法は、井戸掘りの要領で人が穴を掘りながら、

地盤沈下の痕跡　1階忘れ物承り所横に地盤沈下の影響と考えられる不自然な窪地がある。

大阪駅中央コンコース内の段差　地盤沈下により段差が生まれた。

直径１・２ｍのコンクリート管をつなぎ合わせ、天満層に到達したら管内にコンクリートを詰めて高架橋の基礎とつなぐというもので、５年間で２４５本の杭が打たれ、沈下は止まった。

この工事中に、梅田粘土層と天満層の間から、横倒しであったり、切り株の状態のクヌギ材化石が大量に出てきた。年代を調べると縄文時代早期初頭のもので、この辺りにはクヌギ林が広がっていたようである。その後に起こった縄文海進でクヌギ林も海に沈んだ。大阪平野の地下にはその頃に堆積した層が今も眠っているのだ。

2 砂州と天神さん

大阪では、多くの人が大阪天満宮を「天神さん」と呼ぶ。「すみよっさん」「いくたまさん」「えべっさん」「してんのうじさん」。大阪人は神さんも仏さんも昔からさんづけなのだ。「天満」の地名の由来は天満宮である。天満宮は村上天皇（在位９４６〜９６７年）の勅命により９４９年に建立された。大阪天満宮がある場所は天満砂州の上にあり、わずかだが隆起している。この地の元社は大将軍社であるが、当時最も標高が高かった場所に鎮座したのであろう。

豊臣秀吉は大坂城の築城に伴い城下町を形成していくことになるが、旧淀川を挟んで北に延びる天満砂州にくらせたのが天満寺内町である。１５８５（天正13）年に本願寺が泉州貝塚から呼び寄せられ、現在造幣局があ

大阪天満宮北門　境内がわずかに隆起しているのがわかる。

る辺りに天満本願寺を建て、本願寺を中心に寺内町がつくられていった。さらに、北側には防御線として寺町が形成され、西の防御線としては天満堀川を開削し、城下町としての形を整えていったのだ。

大坂の陣の後に天満堀川を境に天満西寺町がつくられ、場ができる。1653（承応2）年には天満の淀川沿岸に天満青物市く集まるようになり、大坂三郷の天満組として発展していくことになる。現在の天神橋筋商店街は日本一長い商店街として有名であるが、天満砂州が北に延びるその上につくられている。商店街が南北に長いのは、天満砂州の上に沿ってできたからでもあるのだ。

天満地域には野菜などにかかわる商家が多

寺町周辺　天満堀川を境に天満東寺町・天満西寺町がつくられ、現在も東西一直線に寺が並んでいる。

3　大坂城下町の飲料水

江戸城には神田上水や玉川上水、金沢城には辰巳用水、仙台城には四ツ谷用水など、城下町にとって飲料水や生活用水確保は、最も重要な要件のひとつであるが、大坂城の場合、そのような水路を設けたという記録がまったく残っていない。大坂城の惣構え内は、上町台地上にあることもあって、井戸から良質な水を手に入れることができた。しかし、城下町である船場エリアでは、沖積地で海に近いこともあり、塩気が強く飲み水には適していなかったのだ。では町民は飲料水をどこから得ていたかというと、琵琶湖から流れてくる淀川からだったのである。

町民の台所には瓶《かめ》が2つ置いてあり、ひとつは川水を貯めて飲み水にし、もうひとつは井戸水を貯めて洗い物などの生活用水として利用していた。大坂には水を売る水屋が存在し、水船が桜之宮や川崎付近できれいな水を汲み、市中に配達していたのである。ただし、雨の日などは淀川の水が濁って飲めないため、上町台地から湧き出る井戸水を求めて天王寺辺りまで足を運んでいたようである。1887（明治20）年の記録として、水屋が138人、水船が約150隻あったと記されている。水道が完備されるまで淀川の水が飲料水だったということを考えると、大阪の水事情は決して良くはなかったのである。

江戸時代の台所の様子　大きな瓶に飲料水と生活用水を使い分けていた。（大阪市水道記念館）

桜之宮にある青湾の碑　秀吉は淀川の水が清澄であることから、この辺りに小さな湾を設けて「青湾（せいわん）」と名付け、茶の湯に用いた。

桜之宮を流れる大川（旧淀川）　上水道が整備される近代まで、多くの市民は桜之宮周辺の川の流心の水を汲んで飲料水にしていた。

4　蜆川の痕跡

旧淀川（大川）は中之島により流れが2つに分かれ、南側を土佐堀川、北側を堂島川と名前を変え、堂島川の北側には蜆川《しじみがわ》（曽根崎川）が流れていた。蜆川の名の由来は、堂島シジミがとれたからだとか、川幅が日がたつにつれて縮んだのでちじみ川といったのが訛ったともいわれる。堂島川と蜆川の間には堂島がある。その地名の由来は、両河川に挟まれた中洲に古くからあった薬師堂が海上を航行する船からよく見えたため、「薬師堂のある島」から「堂島」になったという。1685（貞享2）年、商人であり、治水の専門家でもある河村瑞賢《ずいけん》は、水が流れず干上がっていた堂島川と蜆川の治水に取り掛かり、蜆川を深く掘り広げ、堂島川の川筋も掘り広げて水流を円滑にした。その浚渫土《しゅんせつど》を盛って宅地化された堂島は、その後、茶屋が並ぶ新地として発展し、1708（宝永5）年には右岸が曽根崎新地として拓《ひら》かれ、界隈は繁華街として賑わう場所に変貌していったのだ。

櫻橋南詰の碑　この地に蜆川があっとことを教えてくれている。

親柱に志ゞみはしと刻まれている記念碑　蜆川沿いではないが、今も人で賑わう場所に蜆川の記憶が残されている。

蜆川は、近松門左衛門の「曽根崎心中」や「心中天の網島」の舞台にもなり広く名が知れ渡ったが、１９０９（明治42）年に起こったキタの大火（天満焼け）で、蜆川が瓦礫《がれき》の廃棄場所となり、梅田入堀川までの東半分が埋め立てられ、１９２４（大正13）年には下流側も埋められ川は消滅した。現在川跡にはビルが建ち並んでいるが、ところどころにかつての川の痕跡を見つけることができる。

5　中津高架橋の高低差

高架橋は土木構造物であり地形ではないが、魅力あふれる高低差の場所なので紹介したい。

中津高架橋の歴史は古く、十三大橋が開通した１９３２（昭和７）年に遡る。大阪市は大都市として発展するために大阪の中心部から十大放射路線を整備することになった。新淀川を渡る十三大橋もこのときに架橋されるのだが、道路が十三大橋から御堂筋へ向かう間には梅田貨物線を越える必要があるため、いっそのこと途中の道路を高架橋にしてしまおうとなったわけである。全長約５６０ｍという長さの道路専用の高架橋は全国的にも珍しかっただろう。

大阪毎日新聞の記者であり、山歩きや町歩きの紀行文を数多く残している北尾鐐之助《きたおりようのすけ》氏が昭和初期に書いた『近代大阪』では、高架橋は次のように描写されている。「煤煙臭い夕風に吹かれながら、私はよくこの高架道を歩いてみる。至るところセメント壁にとり囲まれて、頭上を走る車の響きと、塵埃の穴の中に落ち込んでしまった。中津町一帯の地溝帯！」。地溝帯とは断層によって区切られた地形のことだが、この地域の情景を見事に表現している。

中津高架橋はできた当初のままの姿と雰囲気で残っている空間であり、まさにセメント壁に囲まれた薄暗い通路の頭上を車が走るその状況が最大の魅力なのだ。人があまり行き来することがなかった高架下だったが、2003年以降に若者が集まるショップなどが現れだし、高架下のレトロな雰囲気が注目されるようになる。しかし2014年以降は耐震工事に伴う大改修工事を行っており、数年後にはその雰囲気も様変わりするであろう。

中津芸術文化村ピエロハーバー　高架下の倉庫を改装して小劇場やカフェなどを展開していた伝説の場所。（2014年、耐震工事に伴い江坂に移転した）

高架下の壁画　昼間も暗いが夜の暗さが似合う高架下。

レトロな雰囲気の高架下　時間の流れ方が明らかに違う感じがする。

丘の上からの夕陽
天王寺
Tennoji

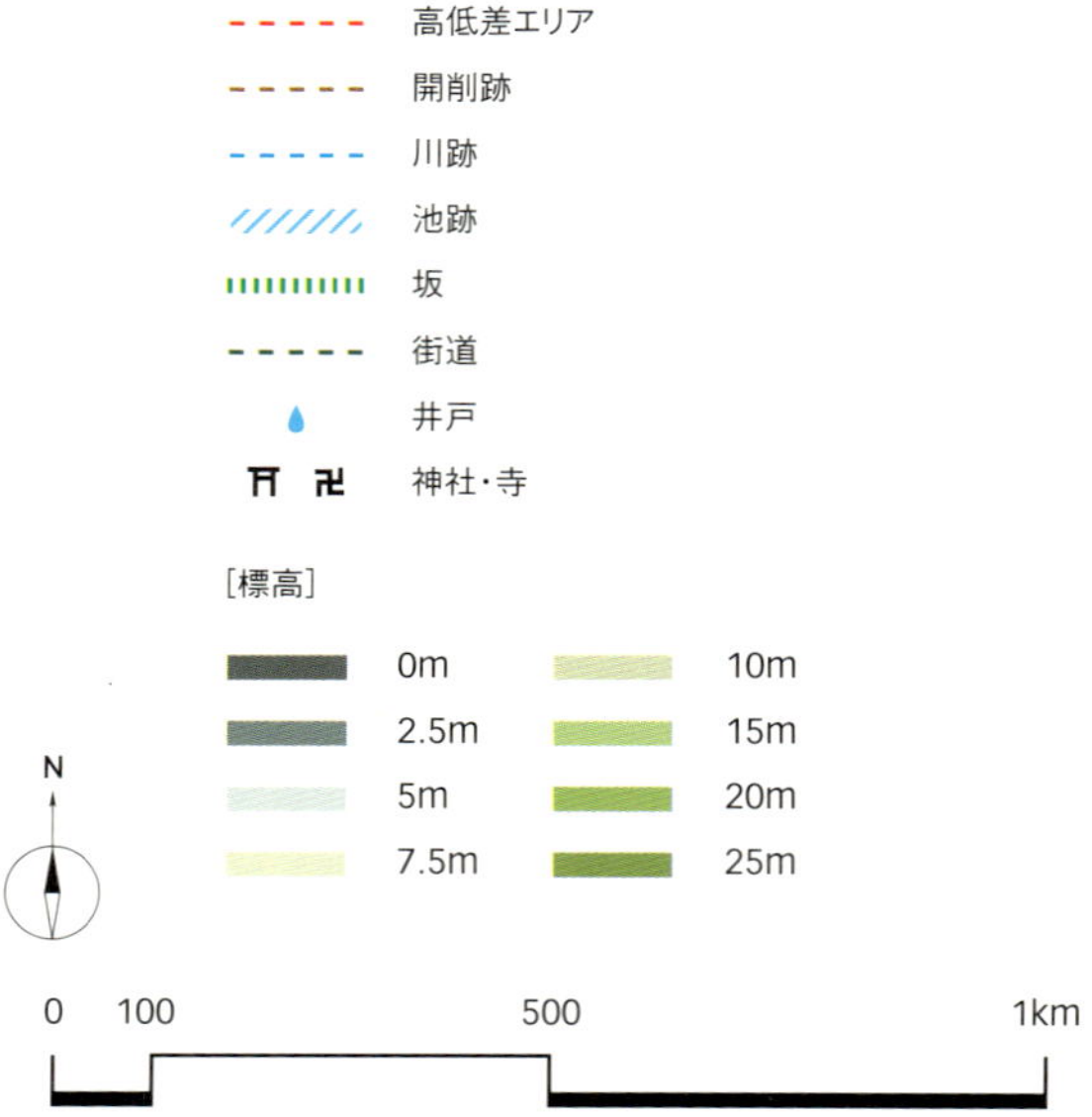

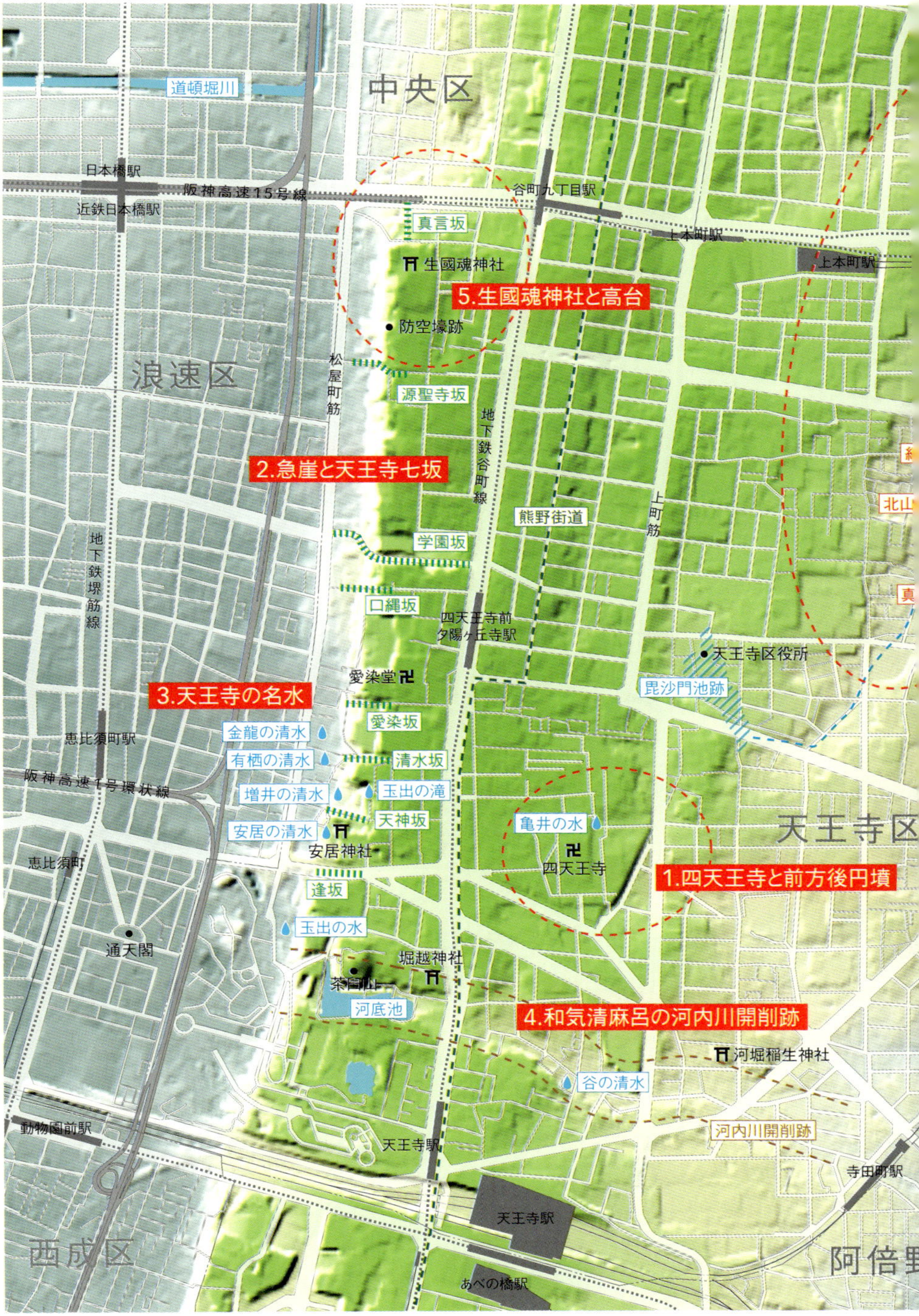

道頓堀川
中央区
日本橋駅
近鉄日本橋駅
阪神高速15号線
谷町九丁目駅
上本町駅
上本町駅
真言坂
生國魂神社
5.生國魂神社と高台
防空壕跡
浪速区
松屋町筋
源聖寺坂
地下鉄谷町線
2.急崖と天王寺七坂
熊野街道
上町筋
北山
学園坂
地下鉄堺筋線
口縄坂
四天王寺前夕陽ヶ丘駅
天王寺区役所
愛染堂
3.天王寺の名水
毘沙門池跡
愛染坂
金龍の清水
恵比須町駅
有栖の清水
清水坂
阪神高速1号環状線
増井の清水
玉出の滝
天神坂
亀井の水
天王寺区
安居の清水
安居神社
四天王寺
恵比須町
1.四天王寺と前方後円墳
逢坂
通天閣
玉出の水
堀越神社
茶臼山
河底池
4.和気清麻呂の河内川開削跡
河堀稲生神社
谷の清水
動物園前駅
河内川開削跡
天王寺駅
寺田町駅
天王寺駅
西成区
あべの橋駅

天王寺の地名は四天王寺に由来するが、四天王寺の通称である天王寺がいつ頃から地名に転化したかは不明だ。南北朝時代から、天王寺は寺名、あるいは四天王寺を中心とした地域を指す地名として使われてきたという。聖徳太子の誓願により593（推古天皇元）年に建立された四天王寺は、日本仏法最初の官寺であった。伽藍《がらん》配置は、南から北へ向かって、中門、五重塔、金堂、講堂が一直線に並び、それを回廊が囲むという日本最古の建築様式のひとつで、現在もそれはまったく変わっていない。四天王寺西門の石鳥居は、古来より極楽浄土の東門にあたると信じられていた。彼岸の中日には石鳥居の向こうに夕陽が沈むのが見え、この日は多くの人が集まり極楽浄土を想う、「日想観《じっそうかん》」という法要が行われている。四天王寺の高台から海が近くに見えていた時代、その海に沈む夕陽を見ながら、極楽浄土に思いを馳せたのであろう。四天王寺の西側には夕陽丘町という地名もある。ここはそんな夕焼けスポットが点在するエリアである。

西の空に沈む夕日　かつてはここから海に沈む夕日が見えていたのである。

1　四天王寺と前方後円墳

仏教の受容を巡って、崇仏派の蘇我氏と廃仏派の物部氏は長く対立していたが、587（用明2）年、蘇我馬子、物部守屋の時代にとうとう合戦が起こり、厩戸皇子《うまやどのおうじ》（聖徳太子）もそれに加わった。厩戸皇子は四天王の像をつくり、「今し若し我をして敵に勝たしめたまはば、必ず護世四王の奉為《みため》に、寺塔を起立てむ」と誓いを立てたという。合戦で守屋が戦死した後は、難波にあった守屋の宅や領土は蘇我氏に移り、守屋が領有していた「荒陵《あらはか》」に四天王寺が建立された。四天王寺は、当初、玉造に創建され、593年に荒陵に移建されたという説もあることを補足しておきたい。

荒陵とは古墳のことだ。四天王寺境内には長持形石棺の蓋が保存されており、他にも埴輪型円筒棺も検出されていることから、この地にはかつて大型の古墳があったのではないかと考えられている。この長持形石棺の蓋の長さは2・86m、蓋の幅は1・43mとかなり大型の部類に入る。古市古墳群にある津堂城山古墳の石棺の蓋の長さが3・16～3・43m、蓋の幅が1・56～1・60m、墳丘長が208mであることから、単純に比較はできないが、170mないし180m～200m近い前方後円墳であった可能性があるという。すでに述べたように、上町台地は谷が多く平坦な土地が少なかったことから、大型古墳を潰すことで広大な平地を手に入れたのであろう。なお、この地はかつて物部守屋が領有し、蘇我氏方に移った土地だが、その敷地には、敵対していた物部守屋の祠がひっそりと佇《たたず》んでいる。

守屋の祠 太子堂敷地内の片隅に祀られている。

長持形石棺の蓋 ひびだらけだが今の時代までよく残ったものである。

2　急崖と天王寺七坂

このエリアの西側には上町台地上でも数少ない自然地形が残っており、まるで屏風《びょうぶ》を立てかけたような急崖が数百メートルにわたって続いている。この切り立った垂直崖は、縄文海進の時代に波で削られた海食崖だ。縄文海進の頃は海水面が現在より数メートル高かったといわれており、その波が長い年月をかけて上町台地の西斜面を削り、海岸線が後退していくことで砂州エリアを西側に広げていったのだ。海食崖の下には波食台と呼ばれる平坦な棚状地形が形成されることがあるが、松屋町筋がそれに当たると考えられる。

また、生國魂神社より南側は、江戸時代に寺町となったことで都市化の影響を受けにくかったことから、樹林が多く保たれ、自然豊かな景観を今に残している。

この斜面にいつしか坂道がつくられ、名前がつけられた。北から順に、真言坂、源聖寺《げんしょうじ》坂、口縄《くちなわ》坂、愛染《あいぜん》坂、清水《きよみず》坂、天神坂、そして逢坂《おうさか》。これらは天王寺七坂と呼ばれ、寺町の風情と坂の上から見る夕日の美しさから、大阪の名所に数えられるようにな

源聖寺坂　坂がカーブしており石畳が敷かれている。

口縄坂　時間が止まったような、昔の風情がそのまま残る坂道。

り、小説でも司馬遼太郎の『燃えよ剣』や有栖川有栖の『幻坂』などに登場している。中でも織田作之助はこの界隈をこよなく愛した作家で、『木の都』の一節が刻まれた文学碑が口縄坂にある。
その他にも、天王寺七坂ではないが、1934(昭和9)年頃に都市計画事業で整備された学園坂(夕陽丘新道)があり、ここは傾斜角度を緩やかにするために台地を大規模に削っているため、上町台地の断面の形をはっきりと見ることができる。地形に関心のある人にはおすすめのスポットなのだ。

3 天王寺の名水

西側の急崖エリアは良質な水に恵まれた地域でもあった。天王寺七坂付近には、金龍の水、有栖の清水、増井の清水、安井の清水、逢坂の清水、亀井の水、玉手の水の各井泉があり、天王寺七名水と呼ばれ著名であった。他にも大江ノ岸水、愛染井戸、玉出の滝、清水井戸(谷の清水)、産湯清水などの名水があるが、これらは上町台地の地形と深い関係がある。

四天王寺周辺は緑地帯が多く、上町台地自体が涵養《かんよう》地域となり、良質な地下水を育んでいたといわれている。前項でも述べたとお

学園坂　元からあった谷地形を利用して整備された道路である。

天神坂　右手にある安居神社(安居天満宮)は真田信繁(幸村)が大坂夏の陣で戦死した場所だと伝わる。

り、西側の崖沿いは江戸時代より寺町であったため樹林が広範囲にあり、東側には桃林や田畑が広がっていた。さらに、味原池や毘沙門池などの大きな池も点在していた。上町台地に降り注いだ水は地下水として貯えられ、豊富な湧水量を有していたのである。

現在は、かつて名水と呼ばれた井戸は存在しないか枯渇してしまった。都市化が進んだ結果、地表面のアスファルト化で雨水の地下浸透が大幅に減少し、地下構造物の増加で地下水が流れる「水みち」が破壊され、地下環境は激変した。しかし、決して地下水がなくなった訳ではない。「水みち」を変えながらもいまな

谷の清水　かつてのように水量は豊富であるが、今はポンプで汲み上げているという。

金龍の水　天王寺七名水のひとつが復元されている。

清水寺の玉出の滝　京都清水寺の音羽の滝を模しているというが、今でも滝行を行う参拝者がいるという。

お湧き出ている場所があるのだ。四天王寺の亀井の水や、復元された金龍の水、清水寺の玉出の滝、谷の清水、愛染堂の井戸などにその名残を見ることができる。

4　和気清麻呂の河内川開削跡

天王寺公園内には茶臼山と河底池があり、茶臼山は古墳で、河底池はその濠《ほり》であるといわれていたが、近年の発掘調査で決め手となるものが何も出ず、古墳ではなかった可能性が濃厚になりつつある。地形図を見ると、河底池から東に細長い窪地が続いているのが見て取れるが、これが和気清麻呂《わけのきよまろ》の河内川開削跡ではないかといわれている。

７８３（延暦２）年に摂津太夫に任命された和気清麻呂は、７８８年に大規模な治水計画を立案し、政府に働きかけている。清麻呂は、数年間の間に、大規模な治水事情を２つ行ったことでも有名な人物である。ひとつは淀川と三国川を疎通させる三国川（現神崎川）開削であり、もうひとつが河内川を大阪湾へ疎通させる河内川開削である。

「河内・摂津両国の堺に川を掘り堤を築き、荒陵の南より河内

谷町筋の窪み　河底池の東側には窪地が続いている。

茶臼山と河底池　この河底池も河内川の開削跡かもしれない。

川を導きて、西のかた海に通さむ。然れば、沃壌益《ますます》広くして、以て墾闢すべし。」（『続日本紀』）

清麻呂の計画は、荒陵の南に堀を掘り旧大和川の水を大阪湾に排水し、上町台地東側の氾濫を防止して耕地の安定と開発の進展をはかろうとしたものだ。政府もこの計画の有効性を認め、延べ23万人の労働力を動員することを決定し、着工している。開削は自然地形の谷を利用したと考えられているが、結果的には莫大な費用を注ぎ込んだにもかかわらず完成することなく中断している。その理由は明らかでないが、当時の土木技術では上町台地を横断する堀を築くことはできなかったようだ。

窪地近くの高台には河堀稲生《こぼれいなり》神社がある。名前からも想像がつくが、清麻呂が堀の開削成功を祈願したといわれている。さらに河底池近くに堀越神社があるが、これは神社の南側に堀があり、その堀を渡って参拝したことから社名になったという。

5　生國魂神社と高台

難波の地で行われた最も古い祭祀《さいし》のひとつに八十島祭《やそしままつり》がある。これは天皇が即位し、大嘗祭《だいじょうさい》の翌年に難波の海辺で行われた即

堀越神社　明治中期頃まで境内の南沿いに美しい堀があったという。

河堀稲生神社　河堀は「こぼれ」と読み、四天王寺七宮の一宮である。

位儀礼で、『続日本紀』では文武天皇、元明天皇、元正天皇、聖武天皇、孝謙天皇、光仁天皇が、大嘗祭の翌年に難波に行幸した記録が残っている。八十島祭の主祭神は生島神と足島神で、それらを祀《まつ》っているのが生國魂《いくくにたま》神社なのだ。この祭儀は8世紀以前からあり、新たに即位した天皇が、大八洲之霊を招く呪術的な儀礼であったのではないかと考えられている。生國魂神社の歴史は古く、『日本書紀』には、孝徳天皇が長柄豊碕宮の造営の用材に、生國魂社の神木を切って用いたことが記されている。ここからも、7世紀中頃にはすでに大木が生い茂る森の中に鎮座していたこと

生國魂神社　正式な呼び名は「いくくにたまじんじゃ」であるが「いくたまさん」の通称で親しまれている。

裏の崖下より社殿を望む　江戸時代はここまで木々で覆われていなかったようで、さぞかし眺めがよかったのであろう。

生國魂神社お旅所跡　大阪城公園内にはお旅所跡がひっそりと残っている。

がうかがえる。

そんな生國魂神社も、豊臣秀吉の大坂城築城時に現在の場所に移転を強いられている。現在の場所は天王寺の西崖線の最北部で、標高も22ｍある。崖下の標高は４ｍなので、高低差18ｍの急崖の上に位置する。上町台地でも大坂城の次に見晴らしのいい場所ではないかと思うことがあるが、これは秀吉の心遣いだったのであろうか。隣にある生玉公園の中には、地形の高低差を利用して戦時中につくられた防空壕の跡が今も残っている。

6　猫間川の水源と細工谷

上町台地の東斜面には比較的のどかな田園風景が大正時代まで残っていた。現在の天王寺区役所がある場所にはかつて毘沙門池という名の灌漑《かんがい》池があり、そこから北東に川が流れており、浅い谷を形成していた。この谷は真法院谷と呼ばれており、枝谷として細工谷と北山谷がある。それらの谷は浸食谷で、谷を流れる小川は猫間川水系のひとつになっていた。

毘沙門池は１９１０（明治43）年に半分ほど埋められ、１９２６（大正15）年頃にはすべてが埋められた。これは周辺の市街地化に

細工谷の急階段　突然現れる垂直に近い階段は崖の跡であろう。

生玉公園地下壕　入り口はコンクリートで塞がれているが、内部はアーチ状で幅約9m、高さ約6m、長さ約24mの空間が残っている。

伴うもので、１８９５（明治28）年に城東線（現ＪＲ環状線）が開業して桃山駅（１９０５年に桃谷駅に改称）ができてから、このエリアでは宅地開発が行われ、田園風景も次第に消えていった。この頃、阪急電車の創業者である小林一三氏が桃山駅近くに住んでおり、静かで住宅がまだ少なかったと自叙伝に書いている。味原池も猫間川の水源のひとつで、江戸時代は灌漑池として利用されていた。周辺に桃林が広がっていたこともあり、花咲く季節には景勝地として大いに賑わったようである。しかし、味原池も市街地化に伴い１９１８（大正７）年９月に埋め立てられた。

細工谷の彩色階段　自然色の石を使っていると思うが、細工谷っぽい石段だ。

産湯稲荷神社境内にある桃山跡の碑　住宅地が開発されるまで、この辺りの丘陵地が桃の林が一面に広がる景勝地であった記憶がこの碑に残されてる。

味原池跡の窪地　緩やかな窪地景観が楽しめるビューポイント。

自然地形の谷巡り
阿倍野

Abeno

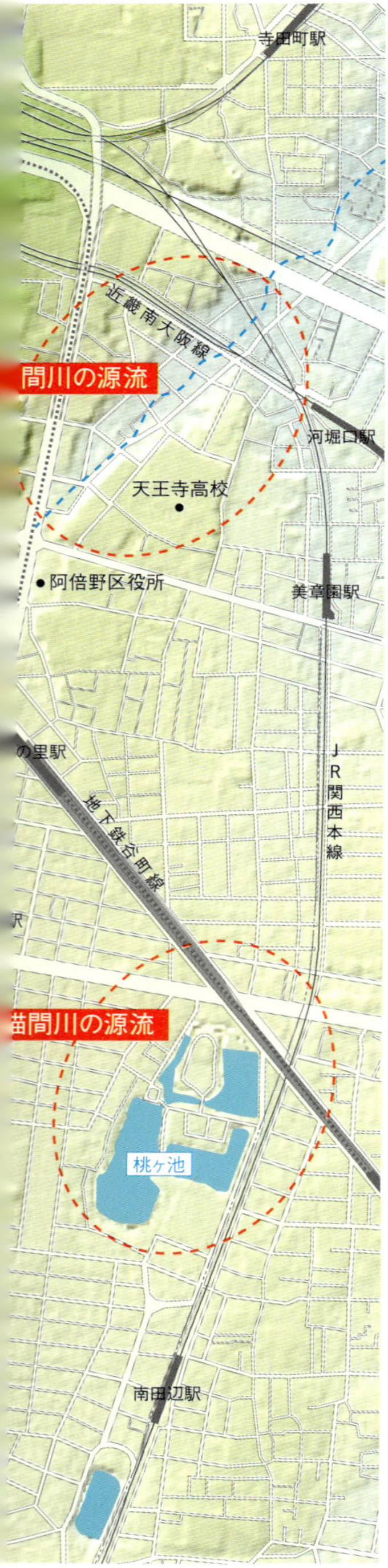

高低差エリア
街道
坂
川跡
湧水
神社・寺

[標高]

0m　2.5m　5m　7.5m　10m　15m　20m　25m

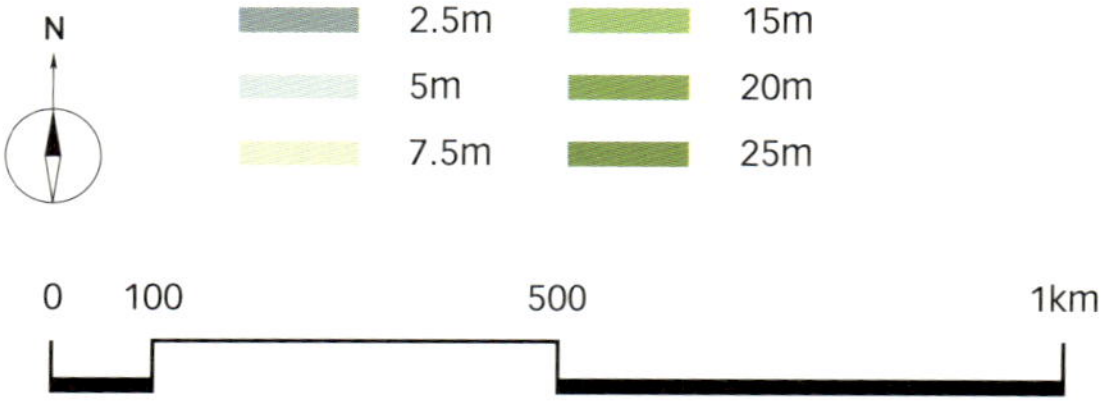

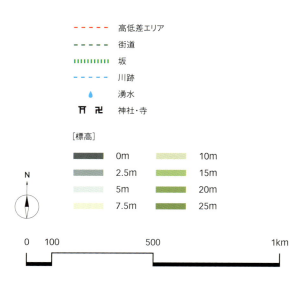

グレートな石段
天王寺駅前
大阪阿部野
萩ノ茶屋駅
今池駅
花園町駅
5.崖下の飛田新地
阿倍野再開発
事業地区
飛田新地
阿倍野駅
旧南海鉄道（南海電鉄）
地下鉄四つ橋線
地下鉄堺筋線
阪堺軌道阪堺線
西成区
阿倍野墓地
阪神高速
1.急崖と低山
旧大阪馬車鉄道（阪堺軌道上町線）
松田町駅
2.天下茶屋東の湧水地
大谷学園
天下茶屋東の湧水
天下茶屋駅
北天下茶屋駅
聖天山公園
聖天山正圓寺
松虫駅
阿倍野区
紀州街道
熊野街道
松虫通
旧阿倍野村
鯨池跡
東天下茶屋駅
聖天坂駅
3.阿倍野七坂
阿倍晴明神社
阿倍王子神社
天下茶屋跡
相親坂
天神ノ森駅
さくら坂
やしろ坂
相生坂
岸里玉出駅
阿部野神社
北畠顕家墓
みどり坂
北畠駅
東玉出駅
南海高野線
みや坂
みなみ坂
姫松駅

明治時代の初め頃までこの地域一帯は農村地帯で、旧安倍野村は、阿倍王子神社がある熊野街道沿いの小さな集落に過ぎなかった。1874（明治7）年、千日《せんにち》墓地と飛田《とびた》墓地が阿倍野墓地に移転になると、葬儀に関係する施設が増え、人が集まりだすようになる。1892年〜93年頃には、天下茶屋・聖天山・阿部野神社一帯に天下茶屋遊園がつくられた。遊園といっても遊具があった訳ではなく、橋本町にあった鯨池という風光明媚な地域を中心に料亭が集まり、写真屋や植木屋ができ、豪商の別荘なども建てられた。

天下茶屋遊園の評判がよくなり訪れる人が増えると、1898年、南海鉄道が天王寺〜天下茶屋間に電車を走らせることになる。さらに、1900年には、大阪馬車鉄道（現阪堺電気軌道）が天王寺西門〜東天下茶屋まで馬車を走らせ、次第に沿線の宅地化が進んでいったのだ。

ちなみに天下茶屋の地名の由来は、豊臣秀吉が住吉大社参拝の折、紀州街道沿いの茶店で休息したことからその茶店が「殿下茶屋」と呼ばれ、それが転じて「天下茶屋」と呼ばれるようになったのだとか。天下茶屋遊園があったであろうエリアは現在住宅地

阿倍王子神社　熊野詣（くまのもうで）が盛んになり、休憩と遥拝のために九十九王子（くじゅうくおうじ）が各所に設けられたが、ここは大阪で唯一残っている九十九王子である。

熊野街道と交差する阪堺電車　最新鋭の路面電車が通っているが、当初は馬が車両を引っ張っていたのだ。

になっているが、起伏に富んだ町並みで、高低差の宝庫として地形歩きが楽しめる。

1　急崖と低山

阿倍野墓地から聖天山へ向かう崖沿いの道は、上町台地でも最も高低差を体感できるエリアのひとつだ。高低差約5mの急崖が1㎞ほど続き、住宅地が崖下の間際まで迫っているので、足元に建物の屋根が広がって見える。崖沿いには複数の階段があるが、それらを上り下りすることで、崖の高低差を感じることができる。最近は建物の建て替えが増え、何十年も建物の陰に隠れて見えなかった石積みの擁壁が解体現場に現れることがある。再び建物ができてしまうと二度と見ることができないかもしれない貴重な光景だ。

崖道を過ぎると聖天山が現れる。聖天山といっても山に見えにくいのは、丘陵地全体が正圓寺《しょうえんじ》の境内だからである。「天下茶屋の聖天さん」として親しまれる聖天山正圓寺は、いつの頃からか大阪五低山のひとつに数えられるようになった。大阪五低山という言葉が生まれたのは近年のことだが、他に天保山、御勝山、茶臼山、帝塚山などが挙げられる。境内には「聖天山山頂」と書かれた表示柱があり、昔は景観を遮る障害物がなく、山頂に立つと360度見渡せたのだろう。

通称・グレートな石段　高低差約6mの石造り階段で、現在は一部コンクリートで補修されている。

隣接する聖天山公園には丸い擁壁に囲まれた上に一本のクスノキがあるが、ここは聖天山古墳があった場所である。終戦後、建材業者がこの土地を購入し木々を切り倒し山土を採り始めた。土が壁土として良質であったことから、あっという間に山は荒れ地になり、残されたこのクスノキも掘り起こされようとしたが、地元住民が交

急崖上の空き地　丘の上にひなげしの花がそよいでいる。

建物の解体により現れた石積みの擁壁　これほど広範囲に擁壁が現れるのは珍しい。

急崖の階段　年配の方にはちょっときつい階段かもしれない。

古墳の上に立つクスノキ　住民の力で守ったクスノキである。

代で寝ずにこの木を守り、業者との話し合いで奇跡的に残った貴重な木なのだ。その後、この土地は公園として市民の憩いの場所に変わったのである。

2　天下茶屋東の湧水地

上町台地の崖斜面のほとんどは擁壁で補強され、崖の隙間から湧き出る湧水を見つけることは困難である。多くの井戸も解体されたり、枯渇したりと、地下水が豊かだったというイメージからは程遠いのが現状だろう。そんな中で極めて珍しい湧水地が天下茶屋東にある。その湧水は、急崖下の25m×15mほどの狭い国有地の空き地に出現している。

　さて、柵で囲まれたその場所には雑草が鬱蒼《うっそう》と茂っているが、よく見ると地表の一部には水が溜まり、葦やガマなどの水生植物が生えていることに気づく。大阪市立自然史博物館がこのエリアの植生を調べたところ、外来種を含む55種類もの植物が確認されたという。中でも日本では3種類が記録されているガマ類（ガマ、ヒメガマ、

崖の隙間から湧く湧水　かつては崖のいたるところに湧水地があったのだろう。

崖下の湧水地　擁壁の隙間から水が湧き続け、この狭いエリアだけが湿地帯になっている。

コガマ）がすべて見つかっており、特にコガマは、大阪府で準絶滅危惧種になっているとても貴重なものだ。様々な条件が揃い奇跡的に残ったこの湧水地は、規模こそ小さいが、かつて地下水が豊富に湧き出ていた上町台地の姿を今に伝える数少ない場所なのである。

3 阿倍野七坂

閑静な住宅地である北畠は、中世の公卿である北畠顕家《きたばたけあきいえ》がこの地で討ち死にしたとの伝承が地名の由来とされており、すぐ近くには、顕家の墓や顕家を祀る阿部野神社などがある。阿部野神社の西鳥居は上町台地の崖上にあり、明治時代までは西側に住宅も少なく海が見渡せたのだろう。

神社周辺は、起伏に富んだ地形である。住宅地内には複数の谷筋があり、谷は枝状に分かれ、地形の高低差を利用して家が建てられている。周辺には坂も多く、いつの頃からか坂に名前が付けられ、阿倍野七坂（相親坂、相生坂、さくら坂、やしろ坂、みどり坂、みや坂、みなみ坂）と呼ばれるようになった。上町台地の中でも、谷の高低差を感じることができる貴重なエリアである。

さくら坂　坂の上には阿部野神社が鎮座している。

阿部野神社西側の鳥居　上町台地の高低差がよくわかる階段である。

4　猫間川の源流

猫間川は上町台地の東斜面に沿って北上して流れていた自然河川である。豊臣大坂城の時代には、東の防御を鉄壁にするために猫間川を改修して東惣構堀が築かれていた。猫間とは変わった名前だが、一説には百済川に対して高麗《こま》川と呼ばれ、そこから転訛《てんか》したのではないかといわれている。現在はすべて埋められているが、その川の痕跡がこのエリアでもわずかに残っている。

上町台地の西側に比べ東側は地形の変化が緩やかで高低差を見つけにくいが、天王寺高校の西側はかつての水田跡であり、窪地に沿って細い川が流れ、猫間川と合流していたのであろう。その南側に灌漑池である桃ヶ池が

みなみ坂

やしろ坂

谷の窪地　この道に沿って、さくら坂、やしろ坂、みどり坂、みなみ坂がある。

あるが、この池の北側一帯もかつては水田であった。地形を見ても北に向かって緩やかに傾斜していることから、桃ヶ池も猫間川の源流のひとつであったのだろう。

5 崖下の飛田新地

天王寺・阿倍野ターミナルの南西に位置する地区は、戦前からの木造建築が密集する地域であったが、大阪市の市街地再開発事業により広範囲のエリアが整備され、高層マンションや大型商業

桃ヶ池　池に棲む大蛇を聖徳太子が退治したという伝説が残る。大正時代までは複数の池が南北に細長く帯状に続いて残っていたが、現在はそのほとんどが埋め立てられている。

股ヶ池明神　伝説の大蛇を埋めたといわれる「おろち塚」の近くに二大竜王が祀られている。「おろち塚」は昭和初期まで残っていたようだ。

くねくね道　天王寺高校の西側の道路は川跡であることがこの曲線で実感できる。

施設が立ち並ぶ近代的な町に様変わりした。開発事業エリアは、北、南、東の三面は幹線道路を境にし、西側は高低差がある崖のラインが境になっている。この崖沿いを歩くと、崖の上は新しい町に様変わりし、崖の下は従来の住宅地が広がっているのがよくわかる。

阿倍野再開発事業地区の南西の境には、崖の下を隠すように白壁が続いている。その壁の下に広がるのが飛田新地である。この地は元遊郭だが、できたのは比較的新しく、大正時代である。１９１２（明治45）年１月に発生した「南の大火（難波新地大火）」で難波新地乙部遊郭が全焼し、大阪府は飛田地区に約２万坪の敷地を求めて業者をここに移し、１９１６（大正５）年に飛田遊郭を誕生させたのだ。かつては周囲を高い塀で囲み四方に出入りする門があったようだ。昭和初期に北尾鐐之助《きたおりょうのすけ》が『近代大阪』で崖の上から見た飛田遊郭をこのように描写している。「電車道に沿って、低く建てめぐらされたコンクリートの塀の上は、見ゆるかぎりの紅、黄、白、紫……それは物干台の櫓の上に広げられた、寝巻、布団、湯具などの満飾旗である」。北尾氏が見た飛田の光景は、「大谷高女校」の裏手であることから、今の大谷学園横の崖上からであろう。昭和初期の飛田は色鮮やかな町並み風景をつくっていたのである。

崖の境目にある壁と階段　この下には飛田新地が広がっており、今も色街の雰囲気を残している。

古代地形を探る 住吉大社

Sumiyoshi taisha

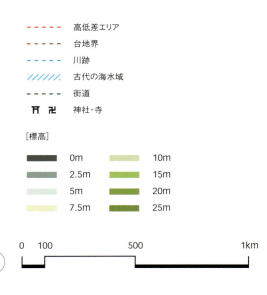

高低差エリア
台地界
川跡
古代の海水域
街道
神社・寺

[標高]

0m
2.5m
5m
7.5m
10m
15m
20m
25m

N

0 100 500 1km

3.帝塚山古墳と住宅街
4.伝説が残る万代池
1.神々が鎮座する高台
2.住吉津の低地
清明丘南
小学校
姫松駅
玉出駅
塚西駅
阪神高速15号堺線
阪堺軌道上町線
帝塚山駅
帝塚山古墳
帝塚山
三丁目駅
万代池
紀州街道
粉浜駅
東粉浜駅
帝塚山
四丁目駅
閻魔地蔵尊
近くの石段
熊野街道
住吉区
神ノ木駅
生根神社
住吉駅
あべの筋
住吉大社の
高灯籠
大海神社
住吉
公園駅
住吉東駅
汐掛道
住吉大社
住吉大社駅
太鼓橋
御田
浅沢社
八尾街道
長峡町
細井川駅
細井川
長居公園通
住吉
行宮跡
旧細井川流路
台地の境界
沢ノ町駅
住ノ江駅
安立町駅
ラグーン
霰松原
南海本線
南海高野線
我孫子前駅
我孫子

住吉大社は全国約２３００社余の住吉神社の総本山であり、大阪では「すみよっさん」の名で親しまれている。住吉大社の由来は『古事記』や『日本書紀』に記されているが、神功皇后《じんぐうこうごう》に神がかりして住吉三神が出現したことが発端となり、神功皇后が三神を祀ったところ、住吉三神の加護により新羅遠征は成功し、帰国後、長門と摂津の両方の地に祀られたというものだ。住吉大社には、その三神である底筒男命《そこつつのおのみこと》・中筒男命《なかつつのおのみこと》・表筒男命《うわつつのおのみこと》と神功皇后が祀られている。

『延《えん》喜《ぎ》式神名帳《しきじんみょうちょう》（９２７〈延長5〉年）』には最高の社格である名神大社に5社の住吉神社が記されている。住吉《すみのえの》津《つ》にある住吉坐神社四座、長門の住吉坐荒御魂神社三座、筑前の住吉神社、壱岐島の住吉神社、対馬島の住吉神社である。遣隋使や遣唐使も住吉津から出港しており、大陸へ向かう海路に沿って住吉神社が配置され、国家のために船で渡る人々を守っていた。まさに海の神であり、航海安全の神なのだ。古代の外港であった住吉津は住吉大社近くにあったのだろうと考えられているが、その

名神大社5社をプロットした日本地図　朝鮮や中国に渡るルートに住吉神社が祀られていたことがわかる。

遺構らしきものは何も残っていない。しかし、住吉大社の南側を蛇行して流れる細井川（細江川）が、住吉津の名残を唯一感じさせてくれる。住吉大社の周辺をめぐりながら、古代の地形を探し歩いてみたいと思う。

1　神々が鎮座する高台

住吉大社の大鳥居をくぐり、参道を進むと反橋（太鼓橋）が現れる。その下の池はラグーンの跡だといわれており、かつては海とつながっていたようだ。標高約６ｍの高台にある住吉大社の４棟の本殿は、住吉造といわれる神社建築史上最古の様式で、海に向かって西向きに鎮座している。境内には樹齢数百年のクスノキの巨樹が何

反橋（太鼓橋）　橋自体の高低差も楽しめる。

本殿前の石段　反橋を渡り、石段を7段上がり、さらに8段上がると本殿が鎮座する高台になる。

国宝の本殿　海に向かって鎮座する姿は凛として荘厳である。

本もあり、それぞれがまるで森のようで、神が宿っているかのようにも見える。大鳥居の海側にはかつて砂浜が広がっていた。海岸線には灯台としての役割を担っていた高灯篭があり、日本一古い灯台だともいわれている。摂社である大海神社は住吉大社の北に位置し、本殿は住吉大社と同じく住吉造で、こちらも海に向かって鎮座している。社殿は標高7mほどの高台にあり、石段の両脇は鬱蒼とした森になっている。この森には人の手が加えられておらず、上町台地の崖が自然に近い状態で残っている。さらに北側にある生根神社の西側にも石段があり、高低差がわかりやすい。

樹齢数百年のご神木　1本の樹だけでも森のようである。

高灯篭　かつては参道の砂浜にあり灯台の役割を果たしていた。

大海神社の石段　両側の森は上町台地の自然地形が残る貴重な場所である。

生根神社の石段　住吉大社から北に向かって標高が高くなていく上町台地の様子がよくわかる。

2　住吉津の低地

住吉大社本殿が建つ高台の南側の低地には細井川が流れており、地形図を見ると低地部が湾のようにも見え、古代の住吉津《すみのえのつ》がどのような形であったかを想像することができる。しかし、実際に歩くと港の面影は皆無で、それらしい遺構を見つけることはできない。

古代住吉津の場所は、『日本書紀』に書かれた古代の風景からも推定することが可能だ。

「吾《あ》が和魂《にきみたま》、大津の渟中倉《ぬなくら》の長峡《ながお》に居《ま》さしむべし。便《すなは》ち因《よ》りて往来《ゆきかよ》ふ船を看《みそこなは》さむ」

この一文から地形的な要素を抽出すると、「大津の渟中倉の長峡」と「往来ふ船を看さむ」に分けることができる。「大津」とは大きい港、即ち国家が管理していた港と捉えることができる。「渟中」とは、水がひと所に止まって流れていない沼や低湿地を意味し、「長峡」とは、狭い谷のような水域と捉えることができる。

鎌倉時代末期の門前付近は、細井川によって海に通じるラグーンが形成されていたと考えられている。ラグーンは湾の機能を失

細井川　太古の時代より住吉津に流れ込んでいた河川である。

御田植神事が行われる田　住吉大社境内南側に位置し、古くからこの辺りが低湿地帯であった証拠でもある。

霰（あられ）松原跡　万葉集の時代、海沿いの砂浜には堺まで松原が続いており、それに沿って紀州街道が通っていた。

汐掛道　大社の参道でかつては松原が続き、出見の浜に出る名勝の地であった。

住吉行宮正印殿跡　かつて向かいの住吉大社との間は低湿地帯であり、住吉津があったのだろう。

浅沢社　「浅沢の杜若」として有名な景勝地であった。

う と池に変わり、沼地に変化していったのであろう。細井川は、護岸工事により深く掘り下げられて、昔をイメージすることは難しいが、住吉大社の周辺には「長峡町《ながおちょう》」や「墨江《すみえ》」の地名が今も残っている。これらの土地は、まだラグーンであった頃の記憶をとどめているのかもしれない。

住吉大社と細井川との間の低地では、神功皇后の時代から続く御田植神事が今も厳かにおこなわれている。また、細井川沿いにある浅沢社は、かつては辺り一帯が低湿地帯で、清水が湧く大きな池があり、奈良の猿沢・京都の大沢とならぶ近畿の名勝であったという。浅沢社の南側の高台には、住吉行宮正印殿跡がある。ここは、南朝の後村上天皇の御座所であった。さらにその西の地は、奈良・平安時代は堺まで白い砂浜と松原が続く海岸線で、万葉集にも歌われる景勝地であった。それらの痕跡からも、かつての住吉津は美しい港だったことが想像できるのである。

3 帝塚山古墳と住宅街

住吉大社から北に向かうと標高は徐々に高くなり、高さがピークに達した辺りにあるのが帝塚山古墳である。築造は4世紀末〜

閻魔地蔵尊近くの石段　間口が広く、幅広の大きな石が贅沢に使われている素敵な石段だ。

帝塚山古墳　築造時は葺石に覆われており、高台にあるため海からもよく見えただろう。

５世紀初めと推定されており、全長が約１２０ｍ、高さ約10ｍの前方後円墳だ。墳丘には葺石《ふきいし》と埴輪円筒列が存在し、周濠があったことも確認されている。すぐ近くには大帝塚古墳と小帝塚古墳が存在していたようだが、現在は２つとも消滅しており詳しくわかっていない。帝塚山古墳は丘陵地の最も高い場所に造られており、古代の海からは、３つの前方後円墳が葺石に覆われ白く輝いて見えただろう。

帝塚山古墳周辺は、大阪でも指折りの高級住宅街である。１９００（明治33）年に、大阪馬車鉄道（現阪堺電気軌道）の「姫松停留場」と「帝塚山三丁目停留場」が設置され、１９３４（昭和９）年には南海鉄道が「帝塚山駅」を開設し、それらの駅周辺から住宅地が広がり、駅の西側は関西屈指の高級住宅街として売り出された。それ以前には何もない丘陵地であったので、住宅は高低差のある地形を活かして建てられていった。上町台地の西

清明丘南小学校横の坂道　曲線の擁壁が見事で、ツタが絡んでいい景観を作り出している。

坂道の擁壁　角地の敷地形状に合わせた石積みの擁壁が美しい。

高低差を利用した校庭　校舎側と校庭側との段差を利用して階段坂が作られている。

斜面を歩いていくと、住宅街の中にも地形の変化を見つけることができる。石積みの階段や擁壁などを探しながら歩いてみてはいかがだろうか。

4　伝説が残る万代池

上町台地には高乾地が広がっていたため、微地形を利用して灌漑用の溜池が多く造られていた。やがて宅地化が進むにつれ灌漑池の使命はなくなり、そのほとんどが埋め立てられ、宅地に変わっていったのだが、唯一残る大きな池が万代池《まんだいいけ》である。ちなみに、「万代」は地名では「ばんだい」と発音するので「ばんだいいけ」とも呼ばれている。万代池は南側を高く築堤した堰き止め池で、帝塚山古墳に近い位置にあることから、古墳の周濠ではないかと書かれたり、聖徳太子が曼陀羅経をあげて魔物をしずめたという伝説が残っていたりと、謎めいた池である。熊野街道に面していることもあり、特別な思いで見られていた池なのであろう。昔からの景勝地でもあり、大正時代には帝塚山共楽園という小遊園地が開設された。池面に金属ロープを張り渡し、それをたぐりながら往復する小舟などもあったようだ。

地形図を見ると、万代池から南東に向けて地形が緩やかに傾斜して、再び高くなっていくのがわかる。ここが上町台地と我孫子台地の境目になるのだ。

万代池　魔物伝説が残るということは人を拒むような雰囲気のある場所だったのかもしれない。

堺と古墳の丘

仁徳天皇陵古墳

Tomb of Emperor Nintoku

- - - - - 高低差エリア
|||||||||| 環濠・堀跡
- - - - - 川跡
- - - - - 海岸線(江戸時代中期)
////// ラグーン(古代)
////// 池跡
- - - - - 街道
井戸
神社・寺

[標高]

	0m		10m
	2.5m		20m
	5m		30m
	7.5m		50m

N

0 100 500 1km

旧堺燈台
堺旧港
南台場
(砲台)跡
蘇鉄山
3.お台場跡と日本一低い山
境駅
江戸時代
中期の
堺港
妙国寺前
花田口駅
大小路駅
菅原神社
古代の
2.砂州にできた環濠都市と堺港
堺
開口神社
宿院駅
古代
宿院頓宮
江戸時代中期の海岸線
寺地町駅
中世の環濠
土居川
湊駅
御陵前駅
阪神高速4号湾岸線
堺区
江戸時代後期の堀
1.樋の谷
東湊駅
南海本線
石津
石津北駅
石津川駅
阪堺軌道阪堺線
乳岡古墳
石津駅
4.上野芝の崖
履中天皇陵古墳
旧石津川流路
石津川
霞ヶ丘公園
上野芝駅
百済
堺市

日本最大の古墳といえば仁徳天皇陵古墳である。墳丘の全長が486m、前方部の幅が307m、後円部の高さが35・8m。さらにそのまわりを三重の壕が囲んでおり、その最大長は840m、最大幅は654mとなっている。造営時期は5世紀頃といわれており、当時の土木技術の高さと、それを造らせた指導力に驚かされる。

仁徳天皇陵古墳のすぐ南側には日本で3番目の大きさを誇る履中天皇陵もあるが、どちらの古墳も同じ方角を向いており、軸が南北からやや東に傾いている。この角度は当時の海岸線とほぼ一致する。竣工当初は、表面を葺石が隙間なく覆い、埴輪が周囲を飾るように並べられていた。造営された場所は台地の上だったため、その壮大な姿は遠く離れた明石海峡からも見えたであろう。中国や朝鮮の使者にも国力と土木技術の高さをアピールできたと同時に、ランドマークの役割も果たしていたと考えられる。巨大古墳を目印に進むと、そこに開かれた港は堺港である。堺が貿易港として発展したのも、少なからず巨大古墳が関係していたのかもしれない。さらに、

仁徳天皇陵古墳の拝所　墳丘がまるで山のようであり、大山古墳といわれるのも納得できる。

仁徳天皇陵古墳の周濠　大自然の森が閉じ込められている。

方違（ほうちがい）神社　この地は、摂津・河内・和泉の三国の境界にあるため、方角のない聖地であると考えられてきた。

この地は、摂津国《せっつのくに》・河内国《かわちのくに》・和泉国《いずみのくに》の三国が交わる境界に位置し、大津道や丹比道《たじひみち》などの古道の起点でもあることから、太古の時代より特別な地域であったと考えられる［*］。

＊古墳の名称は複数あるが、本稿では「百舌鳥・古市古墳群世界文化遺産登録推進本部会議」による呼び名に合わせている。

1　樋の谷、字のごとく

仁徳天皇陵古墳の西側には樋《ひ》の谷と呼ばれる谷があり、谷地形を利用して濠の排水がここで行われている。古墳が造られた場所は地下水が豊富で、開削によって湧き出る水を排水するために、この谷を拡張する工事がまず行われたのではないかと考えられている。樋とは水を放出させるための水門の意味もあるが、その名のごとく濠の水を放水するための谷である。濠の水の大部分は地下水と雨水のようだが、その水はいまでも樋の谷から排出されている。排水溝の下には水辺の公園（親水公園）と水路が整備されており、水路を辿っていくと堺の港に行き着く。逆に濠へ流れ込む水路を辿ると、かつては約９km離れた狭山池から流れていたようだ。古代の土木技術の一端をこの谷や水路網からも感じることが

樋の谷を流れる水路　古代から続く水路であろう。

整備された樋の谷　奥の濠から水が流れてくる。

できるのだ。

2　砂州にできた環濠都市と堺港

堺は中世より環濠《かんごう》都市として、または自由都市として繁栄を極めた町である。四方を濠で囲み、会合衆《かいごうしゅう》と呼ばれる町の有力者たちによって、自治的な市政運営が行われていた。15世紀には、遣明船の発着港となり一大貿易都市として発展。1543（天文12）年に種子島に漂着したポルトガル人によって鉄砲が伝えられると堺でも製造されるようになり、宣教師フランシスコ・ザビエルも堺を訪れている。その後、南蛮貿易の道が開けると、堺は日本最大の貿易港として繁栄していくのである。

現在も江戸時代の濠の一部が残っているが、それらは江戸時代前期に開削されたもので、中世の環濠はそれよりもさらに内側に造られていた。堺が文献資料に見えるのは平安時代以降で、海に近い微高地に自然発生的に集落ができ、港は海岸部にあり、濠は後背湿地を利用して掘削したであろうと考えられる。では中世以前はどうだ

環濠跡　多くの環濠は埋め立てられたが、江戸時代の環濠の一部は今でも水路として利用されている。

堺旧港　大和川の付け替えにより中世から続いていたかつての堺港は衰退し、その後築港されたのが現在の堺旧港の原型である。

ったかというと、実はあまりわかっていない。考古学者の森浩一氏は、砂州上にまだ人が住んでいなかった時代、砂州と台地との間に細長いラグーン（潟湖《せきこ》）が存在し、そこに古代の堺港があったであろうと述べている。ラグーンは、住吉津《すみのえのつ》ともつながっており天然の良港であったが、土砂が堆積しやすいという欠点があり、次第に港の機能を失い放棄されたという。実際、古道である大津道（長尾街道）や丹比道（竹内街道）はそのラグーンがあった場所に延びており、そこに古代の堺港があったとしても不思議ではない［＊］。

＊地形図に記したラグーンの範囲は、「6～7世紀ころの摂津・河内・和泉の景観」（日下雅義『地形からみた歴史』掲載）に合わせている。

3　お台場跡と日本一低い山

幕末期、ペリーが黒船をひきいて開港を迫った翌年の1854（安政元）年に、幕府は大阪湾岸に御台場《おだいば》（砲台）を築くことを決め、堺港には南台場と北台場が建設された。周囲を土塁と石積みで防御し、大砲を18門備えてい

お台場の土塁　高低差のある立派な土塁が広範囲に残っている。

史跡・旧堺燈台　1877（明治10）年に建設され、所在を変えずに現存するわが国最古の木造様式灯台。堺港のシンボルである。

たという。

明治時代に入り、1879（明治12）年に南台場跡を利用して公園がつくられることになり、展望によい築山として蘇鉄山《そてつやま》が整備された。

1903（明治36）年に大阪で第五回内国勧業博覧会が開催されることになると、東洋一といわれた水族館などがつくられ、その後は、公会堂や料理旅館などが建ち並び、鉄道も敷設され、海水浴場も備えたレジャーゾーンとして賑わったのである。

現在も大浜公園として市民の憩いの場になっているが、敷地内には台場の痕跡である土塁と石積みの擁壁が所々に残り、蘇鉄山には三角点が設置され日本一低い山として観光スポットになっている。旧堺燈台も近くにあり、海沿いで高低差を楽しめるエリアである。

4　上野芝の崖

上野芝住宅地は、戦前から開発が始まった郊外住宅地で、台地の上に閑静な町並みが広がるエリアである。開

蘇鉄山山頂　一等三角点のある日本一低い山として有名である。

台場の石積み擁壁　台場の外側はこのような擁壁で囲まれていた。

発に伴って消失した古墳も数多くあったようである。台地の南側は、段丘崖が数百メートル続く地形で、高い場所では約10 mの高低差がある。崖地帯は、段丘崖と段丘面が段々になり、段差を利用して住宅が崖に寄り添うように隙間なく建てられている。正面から見ると、家々がひな壇のように段々で立ち並んでいるのがわかる。

崖下にはかつて石津川が大きく蛇行しながら流れており、毎年のように出水や橋の流出を繰り返していたが、戦後の改修工事により緩やかな流路に整備されている。旧流路近くの丘の上には、百舌鳥《もず》古墳群で最も海岸に近く、造営が古いとされる乳岡《ちのおか》古墳があり、海側には古代の港があった。旧石津川と乳岡古墳との間は緩やかに傾斜しており、古代人が古墳の築造時にこの坂道を行き来していたことが想像できる。

その近くにある霞《かすみ》ヶ丘公園は、池の水を抜いて生まれたスリバチ地形公園だ。大きな池跡であるため土地はフラットで、歩いているとまるで池の真ん中にいるような錯覚におちいりそうになる地形である。

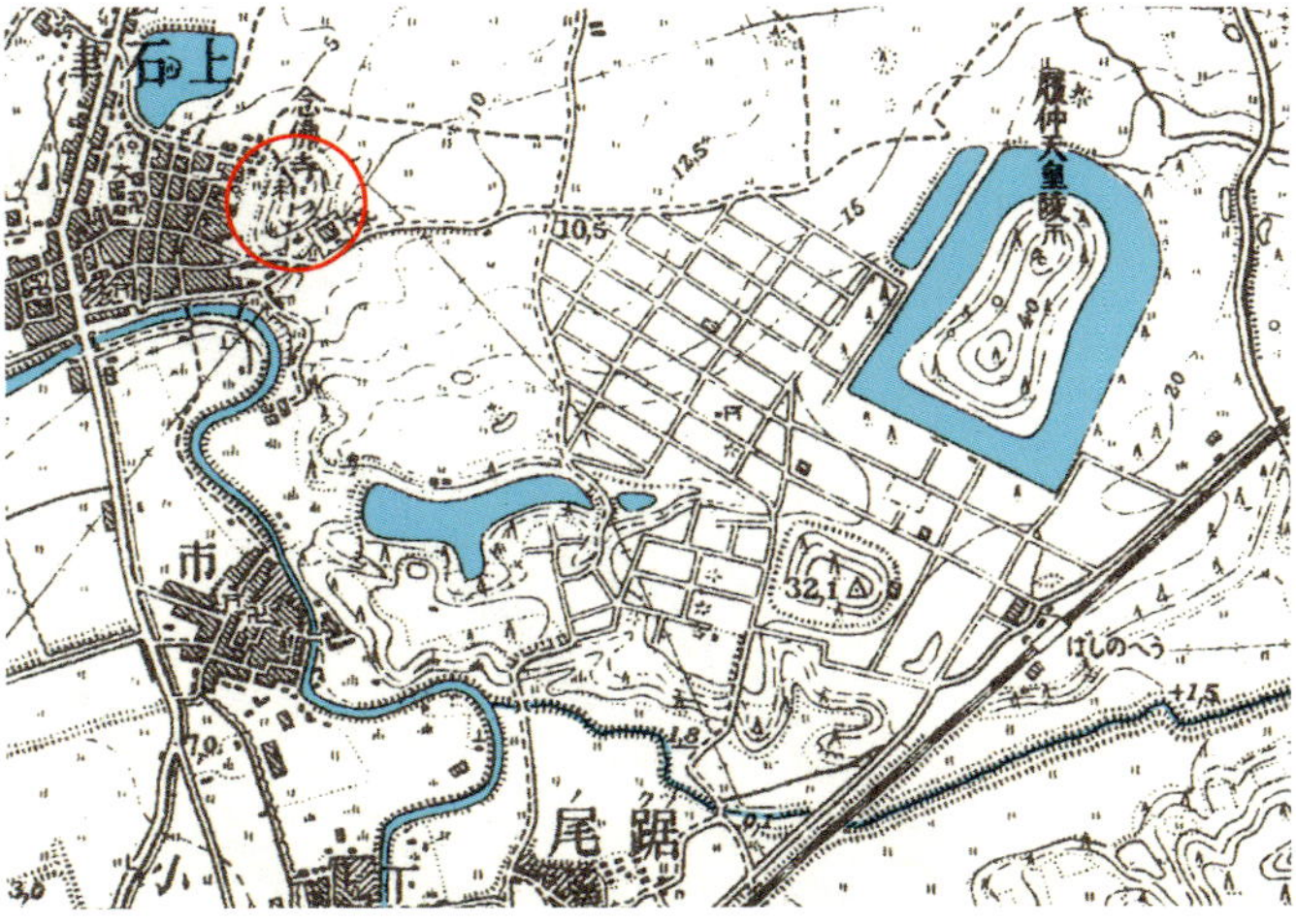

上野芝住宅地が開発されはじめた頃の地図　「大正11年測量図昭和4年修正測図（国土地理院）」を着色している。履中天皇陵古墳南側に前方後円墳が確認できるが、宅地開発に伴い消滅する事になる。丸で囲んだところに念佛寺とあるが、ここは乳岡古墳で、昭和50年代まで古墳の上に寺があった。

5　百済の湯の谷

百舌鳥川と百済川に挟まれた場所に整地された谷がある。谷にある府立堺視覚支援学校の南斜面には自然の崖が残されており、崖の下に下りると井戸が現れる。井戸の近くにはお堂があり、石碑には「髪蒼乃水」と刻まれ、説明板には「百済の湯」と書かれていた。この井戸の歴史は古く、神功皇后が皇子の瘡《かさ》を治すために神明を念じて御弓を立てさせ、この地を掘ると清水が湧き出たという伝説がある。わずかにラジウムを含んでいるので明治の中頃にはこの清水を利用した風呂屋が繁盛していたようだ。井戸水は今でも柄杓《ひしゃく》で汲み取れるほど水量が豊か

崖沿いの町並み　崖地形を巧み利用して建てられた家々が独特の景観を作り出している。

乳岡古墳　百舌鳥古墳群で最初に造られた大型前方後円墳である。

霧ヶ丘公園　かつてここは池の底であった。

である。ちなみに百済の湯というのは、崖の上の集落が、旧百済村であったことに由来する。隣村には旧土師《はじ》村があることから、この辺りは、古墳の造営や埴輪生産の技術を有していた土師氏など渡来人が住んでいた土地だったのであろう。

百済の湯ともいわれる井戸　学校ができる前からずっと変わりなく豊かな湧水地であるのだ。

井戸水の水面は手が届く位置にあり、水量が豊かである。

谷へつながる階段　下に下りると井戸がある。

十三

Juso

消えた旧中津川

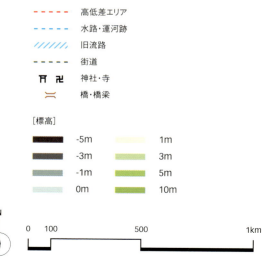

高低差エリア
水路・運河跡
旧流路
街道
神社・寺
橋・橋梁

[標高]

-5m　1m
-3m　3m
-1m　5m
0m　10m

N

0　100　500　1km

JR北方貨物線
十三筋
淀川区
JR山陽新幹線
中国街道
阪急神戸線
桁下1.2mのガード
中島大水道
デルタ
5.デルタ線のプチ高低差
1.自然堤防の微高地
阪神高速11号池田線
旧中津川
十三公園
自動車教習所
堀城比定地
今里屋久兵
下十三川橋梁跡
4.旧中津川跡とトラス橋
十三の渡
旧成小路村十三
塚本駅
野里の渡し
淀川（新淀川）
野里住吉神社
2.旧中津川堤防跡
石積みの擁壁（堤防跡）
長柄（中津）
3.長柄（中津）運
JR東海道本線
歩道橋
JR東西線
歩道橋
運河跡のマンホール

「十三」は難読地名として紹介されることが多いが、「じゅうそう」と読む。地名の由来は諸説あるが、旧中津川には古くから「十三の渡し」があり、上流の「淀」から数えて13番目にあたるので十三となったという説がよく紹介されている。実際に「河絵図」（寛政9年）に描かれている十三までの渡しを数えると、摂津国では12の渡しがあり、山城国に入って山崎の渡しを足すと13になる。十三は中国街道と能勢街道が交わる交通の要衝として賑わい、渡しを挟んだ両岸では渡しを待つ人が休む茶屋が軒を並べ、あん焼きの店が多く集まり名物になっていた。いまでも今里屋久兵衛が「十三焼」という名であん焼きの伝統を守っている。創業1727（享保12）年で、今も当時と同じあん焼きをメインで売っているからすごい。

さて、大阪平野を流れる淀川は、淀川大堰で2つに分流し、ひとつは大川と名を変え大阪の中心部を蛇行しながら流れ、もうひとつは川幅の広い放水路として大阪湾に流れる。放水路は新淀川と名付けられたが、それが開削されるまでは旧中津川がそのエリアを流れていた。明治中頃まで、旧淀川と旧中津川が大きく蛇行して流れていたこともあり、淀川下流域は幾度となく洪水に悩まされていた。特に1885（明治18）年の洪水の被害は甚

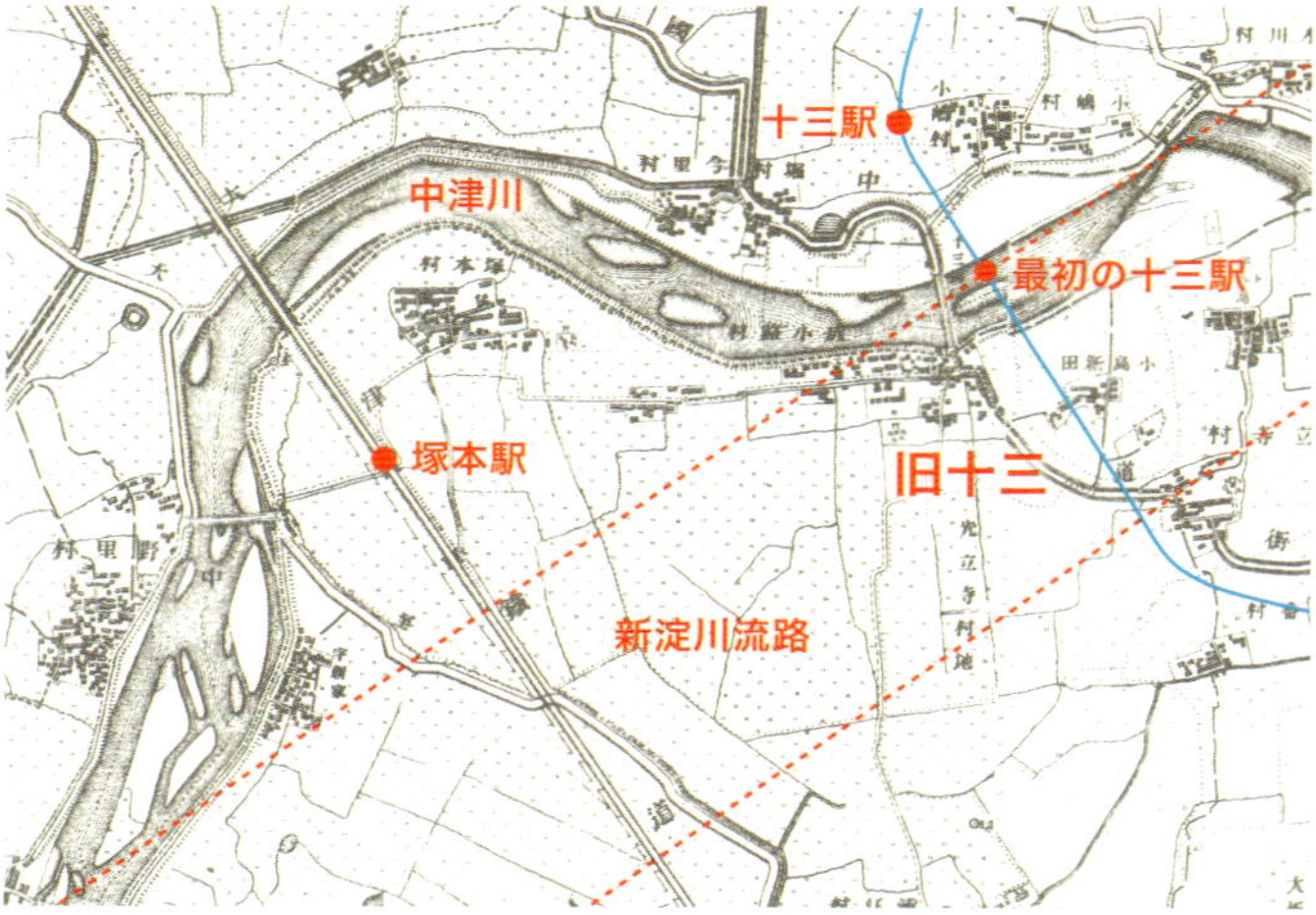

明治18年測量の地図（清水靖夫編『明治前期・昭和前期　大阪都市地図』に掲載の地図をもとに作成）

大で、それがきっかけとなって淀川の抜本的な改良工事が行われることになり、下流域では旧中津川を廃止し、放水路を開削することになったのだ。

1899年から1910年にかけて下流域で行われた淀川改修工事では、多くの村や田畑が計画地と重なり、移転や商売替えを余儀なくされた。旧十三は旧中津川左岸の成小路《なるしょうじ》村の字地であったが、街道筋で賑わっていた村ごとなくなり、地図上からも消えることになった。このとき、新淀川を渡る箕面《みのお》有馬《ありま》電気軌道（現阪急電車）が、右岸の堤防に駅をつくって十三駅としたことで、辛うじてその名が残ることになる。その後、1925（大正14）年の市域拡張に伴う住所変更で、十三は地名として復活することになった。「十三」は、駅名にならなければ消えてしまっていたかもしれない地名だったのだ。

1 自然堤防の微高地

十三周辺は海抜ゼロメートル地帯で、町を歩いても地形の高低差を感じることはほとんどないのだが、十三公園の北西部には、周囲に比べて隆起している場所がある。この辺りは旧今里村と旧

今里屋久兵衛の十三焼き　新淀川の右岸にあった本店は近くに移転したが、渡し場の名物であったあん焼きは「十三焼き」として300年近くその味を守り続けている。

淀川河川敷　旧中津川は河川敷の辺りを流れており、旧十三は川の下に沈んでいる。

堀村が隣接するエリアで、この高台は中津川によって形成された自然堤防であると思われる。また、十三公園内には、中津川右岸の自然堤防に自生していたと思われるクスノキの大木が数本ある。十三公園が整備されたのは戦後だが、公園内に点在するクスノキの大木はそのときに植えた木にしては大きすぎる。旧地図と現在の地図を重ねると、クスノキの大木は旧中津川の自然堤防があった旧堀村と重なることから、そこに自生していたと考えた方が自然である。堀村は、戦国時代にこの地に堀城（中島城）があったところからその名がついている。城に関する資料はほとんど残っていないが、自然堤防の地形を活かした城郭であったのかもしれない。さらに、東へ約１㎞ほどの堤防沿いの場所にも隆起したエ

十三公園のクスノキの大木　公園内にある数本の大木は自然堤防に自生していたクスノキであろう。

旧中津川の自然堤防跡　このエリア一帯がわずかに隆起しており、北側の道との高低差が約2メートルある。

十三公園近くの微高地　中津川によってつくられた自然堤防であろう。

リアが残っている。このエリアも自然堤防で、旧木川村があった場所である。江戸時代の十三エリアは、一面に田園が広がっており、集落は自然堤防の微高地につくられていたことが現在の地形からもわかる。田園の中を通る街道も盛土をした道であったのだろう。

2　旧中津川堤防跡

十三の渡しの下流には野里の渡しがあり、大坂と尼崎を結ぶ交通の要衝でもあった。旧野里村には、「一夜官女祭」という大阪府の指定文化財の神事が残る由緒ある野里住吉神社が鎮座している。神社東側の擁壁は新淀川の付け替え後に改修されたものであるが、内側に残る土手は旧中津川の堤防の名残である。野里住吉神社から南東に5分程歩いたところに、立派な木がそびえる石積みの擁壁を見つけることができる。ここは旧中津川の左岸の堤防跡で、大きな木は当時の堤防に自生していたクロガネモチである。この木は大阪市の保存樹にも指定されており、旧中津川の記憶を今にとどめている。

旧堤防に自生していたクロガネモチ
冬には赤い実をたくさん実らせる。

野里住吉神社の擁壁　右側に中津川が流れていた。

3　長柄（中津）運河跡

新淀川の左岸堤防の外側に緑地帯が続いているが、これは長柄《ながら》（中津）運河を埋めた跡である。長柄運河は、新淀川の開削工事で出る土砂を海老江《えびえ》まで運ぶために1902（明治35）年に造られ、1967（昭和42）年に埋め立てられた。ところどころに背の高いマンホールが飛び出しているのが興味深い。運河跡の上には、堤防へアクセスするために歩道橋が造られている。どれも大正時代に造られた物で、レトロな雰囲気を醸し出している。この運河跡は淀川左岸線の事業計画地でもある。将来はトンネルの中に道路ができ、今とはまったく違う風景になっているかもしれない。

4　旧中津川跡とトラス橋

旧中津川沿いに歩いていくと、自動車教習場と、その横に地下通路がある場所に出くわす。ここは旧中津川に日本最初の鉄道用トラス橋が架橋された下十三川橋梁が

長柄運河跡のマンホール　マンホールの高さが微妙に違うのが不思議だ。

歩道橋全景　長柄運河跡には6つの歩道橋が残っているがどれも1925(大正14)年に造られたものだ。

あった場所である。大阪～神戸間の鉄道が開通したのは1874（明治7）年で、まだ新淀川は開削されておらず、旧中津川には9連の錬鉄製トラス橋が架けられていた。1872（明治5）年に開通した新橋～横浜間では木製桟橋が使用されていたので、ここが我が国最初の鉄橋のひとつになる。ちなみにトラス橋とは、柱と梁でできた四角形の中に筋交いを入れ、三角形を組み合わせることで補強した構造をいう。

年に数回現れる十三橋の基礎　浜中津橋の延長線上の淀川の川底から、干満差が最も大きい低潮時に現れる。

日本最古のトラス橋　旧中津川に架かっていた9連トラス橋のひとつが浜中津橋として今も残っている。

下十三川橋梁　元は水路であったが現在は通路として利用されている。

その後、新淀川の開削の際に9連のトラス橋は撤去され、十三橋が架橋されるのに伴い、淀川左岸の長柄運河に転用された。旧中津川と隣接していた水路は現在も地下通路として残っている。鉄道の下をくぐるタイプの通路で、下にはかなり古そうな煉瓦《れんが》積みの橋台が残っている。9連トラス橋が架かっていた橋台かどうかはわからないが、旧中津川が流れていた頃に思いを馳せることができるエリアなのだ。

5　デルタ線のプチ高低差

大阪駅は、京都〜神戸間の中間に位置するが、大阪駅のみ淀川左岸にあり、淀川を渡らず迂回させるための線が北方貨物線である。この貨物線が神戸線と合流する箇所には、デルタ線といわれる三角地帯が生まれた。デルタ線は盛土の線路になるため、デルタ線の手前を通過する道路には踏切が設置できず、線路の下を通る形になる。そこで桁下1・2mと極端に桁下が低いガード下の通路ができてしまったのだ。この通路の通行量は決して少なくはない。自転車やバイクで通過する人は、慣れたものでそのままのスピードで通過していくのだ。ここほど通路の高低差を体感できる場所も少ないのではないだろうか。

自転車で通過する正しい姿勢　地元の方々は自転車やバイクでそのまま通り過ぎる。

また、プチ高低差の見どころが点在するのもデルタ線ならではである。鉄道マニアだけでなく、地形マニアにも楽しめるエリアなのである。

下り急勾配あり　ゼロメートル地点では珍しい勾配を表す標識。

かまぼこ型踏み切り　線路が盛土になっているため全長の長い車が通ると底をこする危険性があるプチ高低差。

桁下1.2mの上を通る雷鳥　カーブの手前なので通過する電車は比較的スピードが遅い。

千里丘陵

スリバチ地形と湧水の丘

Senri Kyuryo

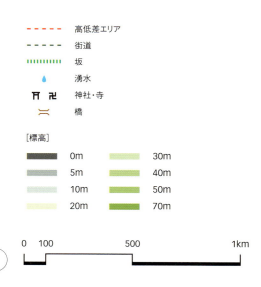

高低差エリア
街道
坂
湧水
神社・寺
橋

[標高]

0m	30m
5m	40m
10m	50m
20m	70m

N

0 100 500 1km

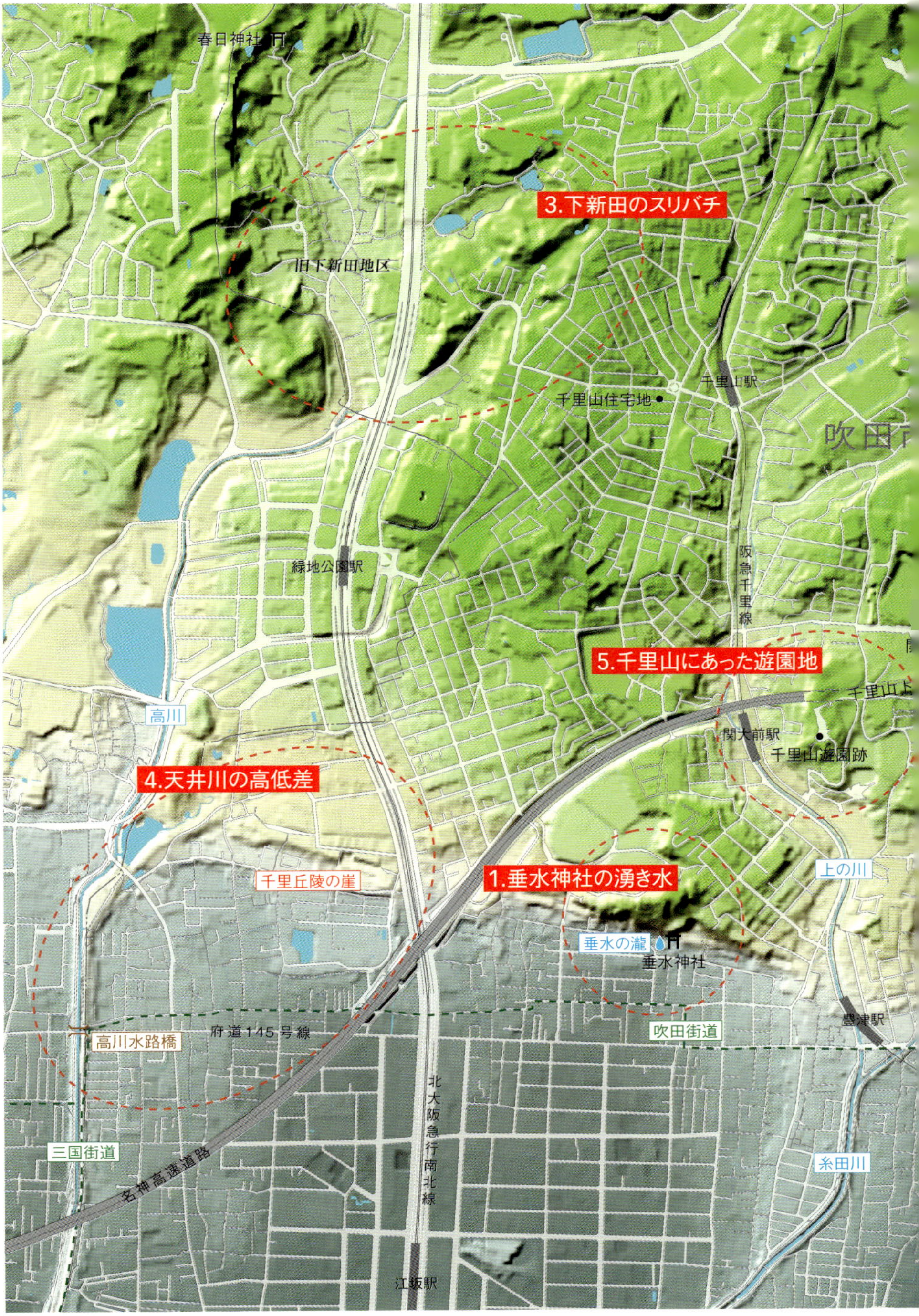

春日神社
3.下新田のスリバチ
旧下新田地区
千里山駅
千里山住宅地
吹田
緑地公園駅
阪急千里線
5.千里山にあった遊園地
千里山
高川
関大前駅
千里山遊園跡
4.天井川の高低差
千里丘陵の崖
1.垂水神社の湧き水
上の川
垂水の瀧
垂水神社
豊津駅
高川水路橋
府道145号線
吹田街道
北大阪急行南北線
三国街道
名神高速道路
糸田川
江坂駅

「千里《せんり》」の由来は、佐井寺の北方の小丘を「千里山《ちさとやま》」と呼んでいたのが、1889（明治22）年に佐井寺村と片山村が合併して「千里《ちさと》村」が設置され、これが「せんり」の名の起こりだといわれている。千里丘陵の地形は樹枝状浸食谷が多く見られ、谷地形を利用して水田や溜池が造られた。傾斜地の雑木林は竹林が多くの面積を占有し、筍の産地としても有名であった。

そんな農村地帯は、北大阪電気鉄道（現阪急千里線）の開通に伴い大きく変わっていく。1921（大正10）年に十三～千里山間が開通すると、千里山駅を中心に住宅地の開発が進み、イギリスの田園都市をモデルにしたモダンな洋風建築が造られていった。戦後の高度経済成長期には千里ニュータウンの建設が始まり、1970（昭和45）年に千里丘陵で日本万国博覧会が開催されると、それに伴って開通した北大阪急行電鉄の江坂～千里中央間の沿線でも宅地開発が広がっていく。千里丘陵の山は削られ、造成された土地には大規模団地や戸建てが造られていった。丘陵地帯であるこのエリアは高低差の宝庫でもある。ここでは千里丘陵の南側のエリアを紹介したい。

千里山住宅地の第一噴水　千里山住宅地の西地区はこの噴水を中心に放射状に広がっている。

1　垂水神社の湧き水

千里丘陵の南端にあるひときわ高い丘陵地の中腹に垂水《たるみ》神社はある。緑に覆われた丘陵地は、参道から見るとまるで山のようでもあり、鎮守の森にふさわしい景観を今に残している。この丘陵地一帯では弥生時代の遺跡が数多く発見されており、かつてこの辺りには大きな集落があったことがわかっている。垂水神社境内からは水が豊富に湧いており、弥生人がこの地に住み着いたのも豊富な湧水があったからであろう。境内の傾斜地には大小2つの滝があり、いまも行や潔斎《けっさい》などが行われる神聖な場所である。滝に近づくと竹の懸樋《かけひ》から流れ落ちる水音が聞こえてくる。滝の前に立てられた万葉集の歌碑にはこのような歌が刻まれている。

「いはばしる　たるみのおかの　さわらびの　もえいづるはるに　なりにけるかも」[*]

水がしぶきを上げて、岩の上を激しく流れ落ちる滝のほとりのわらびが芽を出す春になったことだなぁと詠んだもので、奈良時代から豊富な水を湛《たた》えていたことが伝わってくる。また、『新撰《しんせん》姓氏録《しょうじろく》』には、孝徳天皇の時代に、干ばつに苦しむ難波宮（難波長柄豊碕宮）へ垂水の水が献上された伝承も記されているのだ。

＊万葉集の書籍では「たるみのうえの」と記すことが多いが、本著では歌碑に合わせて「たるみのおかの」にしている。

垂水の瀧　水神社の傾斜地からは水がこんこんと湧き出しており、潔斎や行を行う聖域になっている。

境内から続く坂道　竹藪の坂道を上がると丘陵地の上に辿り着ける。周辺一帯は鎮守の森が広範囲に残っている。

2　佐井寺のスリバチ

千里丘陵には多くの谷が存在するが、スリバチ地形を活かし、今なお懐かしい町並みを残しているのが佐井寺である。佐井寺は千里丘陵の中で最も古い集落のひとつで、地名の元になる佐井寺は735（天平7）年に行基によって創建されている。寺中で用いる水が欠乏していたときに霊泉を得たのが「佐井の清水」で、眼病に効果があるとされ信仰を集めた。境内近くの崖下には佐井清水の水源地があるが、ここから湧く水は「垂水の瀧」「泉殿宮《いずどのぐう》の湧水」と共に「吹田の三名水」といわれた。ちなみに、「泉殿宮の湧水」は「泉殿霊泉」といい、1889（明治22）年にドイツのミュンヘンに送り、ビール醸造に適水との保証を得たことで、隣接地に同水系の湧水を使用して東洋初のビール醸造工場（現アサヒビール吹田工場）が建設されている。

佐井寺の棚田　谷の地形を利用して棚田が造られている。

佐井寺の急坂　この急坂を巧みに利用して家が立ち並んでいるのに驚く。

佐井清水水源地　コンクリートで覆われる前はどのような姿だったのだろう。

集落の南側にはスリバチ状の地形を利用して棚田が造られ、棚田の下には溜池があった。集落は斜面につくられたことにより独特の風景をつくり出している。都市に近い千里丘陵にもまだこのような里山風景が残っているのかとうれしい気分にさせられる。いつまでも残ってほしいスリバチ風景である。

3 下新田のスリバチ

春日地域は、吹田市に編入される1953（昭和28）年までは下新田という地名であり、春日は地域の産土神《うぶすながみ》である春日神社からきている。この地域はその名が示すとおり、江戸時代初期に新田開発によって成立した集落で、丘陵地を利用して溜池がたくさん造られ、明治中期の記録では210余の溜池が記されている。旧集落の真ん中を高川が蛇行しながら流れており、車が通れるように部分的に暗渠になっている。北大阪急行線を挟んだ東側には2つのスリバチ地形がある。かつては水田だったが、ひとつはマンション群に、もうひとつは宅地化が進行中である。谷筋を歩くと、大きな溜池があり、竹林が茂る丘の上にはマンションや戸建てが建ち並び、都会の中の田舎風景を見ることができる。千里丘

[右]**下新田の巨大暗渠**　暗渠が町をどのように通っているのかを辿ってみよう。／[中央]**谷の窪み**　新御堂筋の下にはこのような谷の窪地がいくつもある。／[左]**千里のスリバチ地形**　谷の最上流部の急斜面から下を見下ろすと溜池が見える。

陵はトカイナカであり、起伏に富んだ地形が残っているので凸凹地形散歩をするには面白いエリアなのだ。

4　天井川の高低差

千里丘陵の南端には東西にゆるやかな弧を描くように崖のラインが形成されている。この高低差は、縄文海進の海岸線と重なることから、波によって削られた跡と考えていいだろう。この崖ラインの南側の低地を府道145号線が東西に走っている。道路を塞ぐように高川が流れているが、高川は天井川のため、道路はその下をトンネル（高川水路橋）でくぐることになる。天井川とは、当初は低い堤防であったのが、堤防内に土砂が堆積し川床が高くなると、川の氾濫の危険を回避するために堤防の嵩上げが図られ、それを何度か繰り返すうちに川床面が高くなったものをいう。ちなみに高川の堤防は南北に続く三国街道でもあり、東西を結ぶ吹田街道は、堤防の上に架けられた橋を渡っていた。三国街道は松の並木が続く風情ある街道だったようである。

千里丘陵の南端の崖　縄文海進の時代はこの辺りまで海水が浸入していたであろう。

高川水路橋　上を高川が流れている。現在は改修工事が行われており、この風景を見ることはできなくなった。

5　千里山にあった遊園地

阪急千里線「関大前」駅の東方にある丘陵地にはかつて千里山遊園という遊園地があり、駅も「千里山花壇」という駅名であった。開園したのは1920（大正9）年で、前を走る阪急千里線は、1921年4月に十三〜豊津駅間が、10月には豊津〜千里山駅間が開通しており、それを見越しての開園であった。丘陵地の山頂には当時は珍しかった飛行塔があり、猿舎や音楽室など大阪近郊で唯一の遊園地として賑わったようである。しかし、1950（昭和25）年に廃園となり、隣接する関西大学が土地を購入しキャンパスに取り込まれた。この丘陵地の下には名神高速道路のトンネル（千里山トンネル）が通っており、高速道路からも関西大学のキャンパスがよく見えることから、大学の地下をくぐるトンネルとして高低差の名所のひとつに挙げることができる。

千里山トンネル　かつて丘の上に飛行塔があったことを想像しながら下をくぐっていく。

大学前の踏み切り　花壇の名前が残る踏切道。

柏原
大和の玄関口
Kashiwara

高低差エリア
寺跡
旧流路
街道
湧水
神社・寺

［標高］

0m
10m
20m
30m
40m
50m
100m
300m

N
0 100 500 1km

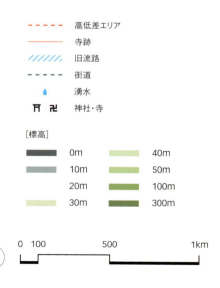

法善寺駅
玉串川
三宅寺跡
4.神の山、高尾
高尾山磐
平野川
墓地
JR関西本線
近鉄大阪線
大里寺跡
柏原神社
恩地川
鐸比古鐸比賣神社
三田家住宅
船溜り跡
堅下駅
東高野街道
奈良街道
柏原駅
山下寺跡
旧大和川流路（長瀬川跡）
1.2.3.旧大和川
智識寺跡
観音寺
清浄泉
大和川
船橋寺跡
柏原南口駅
石神社
家原寺跡
中甚兵衛翁像
築留二番樋
安堂駅
落堀川
藤井寺市
近鉄道明寺線
高井田
志貴縣主神社
6.土師氏の里
国府遺跡
衣縫寺跡
鳥坂寺跡
允恭天皇陵古墳
高井田横穴
旧大和川流路
土師ノ里駅
高井田駅
仲姫命陵古墳
道明寺天満宮
道明寺
長尾街道
古市古墳群
道明寺駅
玉手山古墳群
1号墳（奥田三郎右衛門忠次墓碑）
2号墳
河内国分駅
3号墳
石川
東高野街道
5.玉手山丘陵と横穴群
安福寺横穴群
西名阪自動車道
後藤又兵衛基次之碑
原川

柏原《かしわら》周辺は、古墳時代から奈良時代にかけて、奈良盆地への玄関口という地理的な特異性もあって大変栄えた。旧大和川と石川が合流するエリアは、全国有数の古墳密集地帯で、古墳時代前期の松岳山《まつおかやま》古墳や玉手山古墳群、中期の巨大古墳が集まる古市古墳群、後期から終末期にかけては平尾山古墳群、高井田横穴群、安福寺《あんぷくじ》横穴群などが集まっている。飛鳥・奈良時代頃には、多重塔が立ち並ぶ寺院が密集していた。河内国の国府をはじめ、国分寺や国分尼寺、船橋寺、衣縫《いぬい》寺、河内六大寺などが時代を前後して甍《いらか》を並べていたのである。戦国時代は玉手山が大坂夏の陣の戦場となり、豊臣方の後藤又兵衛（基次）の碑や徳川方の奥田三郎右衛門らの墓、両軍戦死者の供養塔などが残っている。旧大和川の付け替えで地形がダイナミックに変化した場所であり、古い歴史と起伏に富んだ地形の宝庫。何度でも足を運びたくなるエリアである。

1　付け替えられた大河

旧大和川は、河内湾に大量の土砂を送り込んで陸地化した大阪平野を流れる二大河川のひとつであった。旧大和川は石川との合流地点から長瀬川（久宝寺川）、平野川、玉櫛川（玉串川）、菱江川、吉田川などに分かれて北上し、大阪城の北で再びひとつになり旧淀川と合流していた。どの河川も川底が周囲の土地よりも高い天井川で、河内湖の名残である深野池《ふこのいけ》や新開池《しんがいけ》などの大きな調整池があったものの、洪水をよく起こす暴れ川であっ

中甚兵衛翁像　付け替え後の新田開発の有効さを訴え続け、幕府の方針を変更させた功労者である。

た。今米村の庄屋であった中甚兵衛《なかじんべえ》らが幕府に対して大和川付け替えの嘆願をしたのは１６５７（明暦３）年頃である。甚兵衛らは、各河川流域を調査して回り、付け替え工事の綿密な計画書を添えて何度も嘆願書を提出したが、計画地周辺の村々の反対運動も激しく、実現にはいたらなかった。そんな中、１７００〜１７０２年にかけて３年連続で大洪水が起こり、幕府もようやく本腰を入れ、１７０３（元禄16）年に付け替え工事が決定されることになる。工事は川を掘るのではなく、平地に土を積み上げ堤防を築いていく工法を採り、わずか８カ月後の１７０４（宝永元）年10月に全長約14・３km、川幅約１００間（約１８０m）、堤防の高さ約５mの新大和川が完成したのだ。

２　旧大和川の高低差

旧大和川本流であった長瀬川（久宝寺川）跡は、今でもわずかに隆起しており、地形図からも旧大和川の痕跡を辿ることができる。付け替え工事の翌年から新田の開発

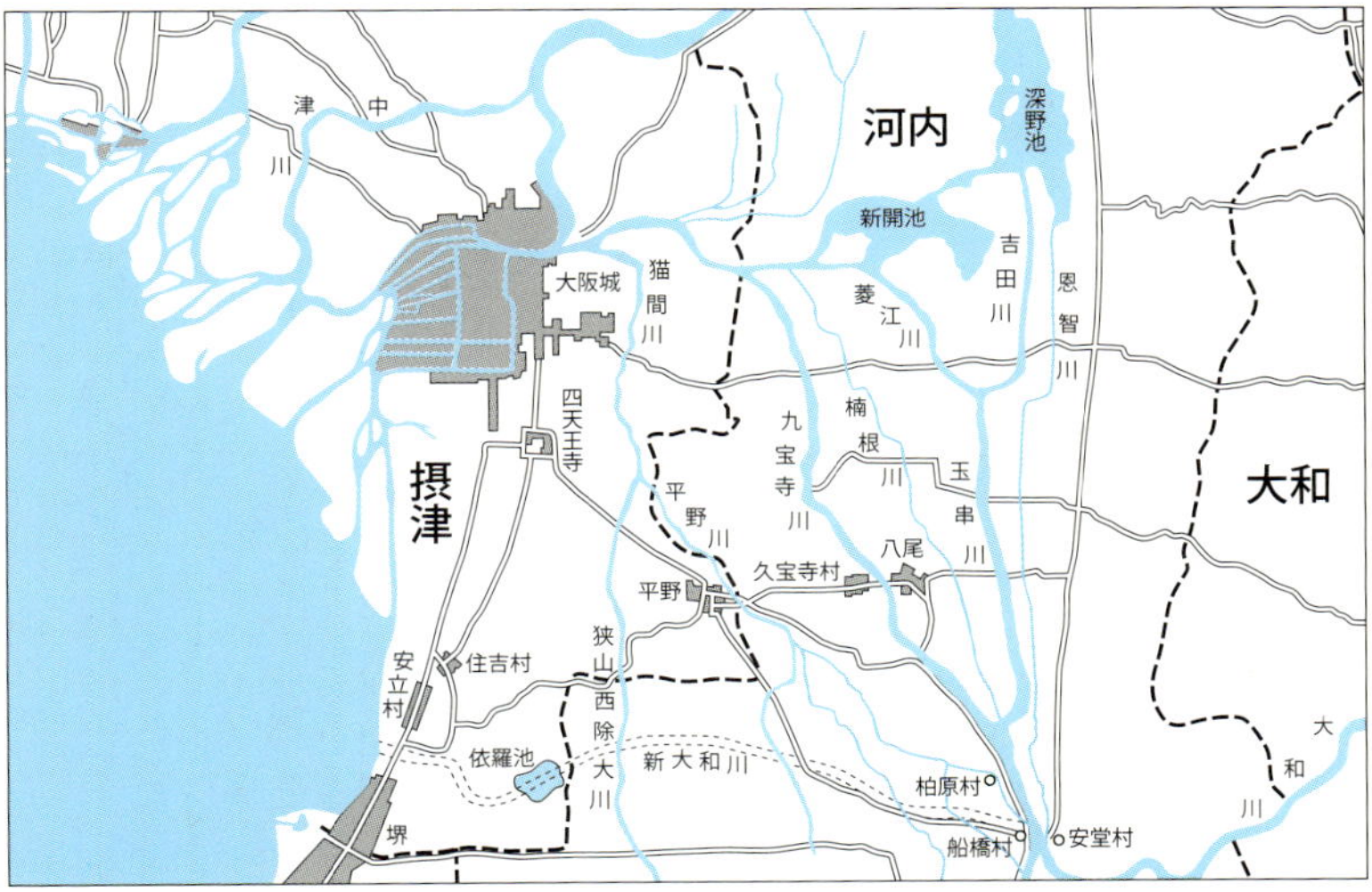

大和川の付け替え地図　大和川は数本の川に分流し大阪城の北側で再び合流していた。

が行われ、堤防は取り崩され、河原には畑土が覆いかぶせられた。中央に用水路を通していたこともあり、周囲より約3ｍほど高かったようだ。現在、付け替え場所には数多くの記念碑が設置されており、堤防下には取水口である築留《つきどめ》二番樋《ひ》が設置されている。築留二番樋は、明治時代に造られた煉瓦造りのアーチ型樋門で、登録有形文化財に指定されている。

そこから少し北西に行くと平野川取水口があり、今町地区に船溜り跡が残っている。ここは、かつて柏原と平野郷を結ぶ柏原舟の停泊所で、荷の積み下ろしなどが行われて大変賑わった場所である。今町地区は奈良街道が

築留二番樋　川が付け替えられた後も旧河川跡に水路が通っている。

平野川の水辺　三田家住宅裏には江戸時代にタイムスリップしたかのような風景が残っている。

旧奈良街道沿いにある墓地　この高台も堤防の跡であると思われる。

通る商業地でもあったため、今でも町屋風の町並みがわずかであるが残っている。三田家住宅は、当時の面影を今に残す貴重な建物だ。さらに進むと墓地が現れるが、ここだけ他の場所より高くなっている。旧大和川の堤防跡だと思われるが、墓地ということで土地が削平されず、当時の地形がそのまま残ったのかもしれない。上に上がると結構な高さで見晴らしがよい。

3 河川跡の高低差と鉄道敷設

旧大和川の川跡に生まれた新田は、土地が高い場所にあるため水を汲み上げるのが困難で、しかも土壌は砂地で水田には不向きであった。しかし、水はけがよいため綿の栽培には適しており、綿栽培が盛んに行われるようになると「河内木綿」は河内地域の一大産業となり、全国に広く知れ渡るようになる。そのような土地は鉄道の用地としても実に都合がよかった。まず堤防跡なので盛土をする必要がない。さらに畑地が多く、鉄道建設で最も難題である立ち退き交渉の必要がなかったのだ。

JR関西本線（大和路線）の前身である大阪鉄道は、1888（明治21）年に鉄道敷設免許状下付により工事を開始し、翌年の1889年には湊町～柏原間を開業させている。さらに、1892年に湊町～奈良間を全通させるが、1900年に関西鉄道に譲渡、1907年には国有化されることになる。

堤防跡に敷設されたJR関西本線　八尾駅から柏原駅間の約5kmは旧河川跡の上を走っている。

4　神の山、高尾山

高尾山山頂には磐座《いわくら》があり、古くから神が宿る山として崇め奉られていた。山の麓には鐸比古《ぬでひこ》鐸比賣《ぬでひめ》神社《じんじゃ》が鎮座しているが、もとは山頂に祀られていた夫婦神であった。山頂からは大阪平野が一望でき、古代から祭祀が行われていたことが想像できる。実際、周辺には弥生後期の土器の破片や粗製の石鏃《せきぞく》や石槍などが散布しており、大変珍しい多鈕細文鏡《たちゅうさいもんきょう》も出土している。

高尾山山頂の磐座　古代河内湖を見下ろしながらここで祭祀が行われていたのだろう。

高台から見た智識寺跡　1300年以上前、目の前には壮大な伽藍が広がっていた。

斜面に広がるぶどう畑　地形の高低差を利用して栽培されている。

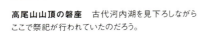

高尾山の麓一帯には、奈良時代に河内六大寺と呼ばれた古代仏教寺院が、北から三宅寺・大里寺・山下寺・智識寺・家原寺・鳥坂寺の順で並んでいた。6つもの大寺院が建立されたということからも、奈良時代にこのエリアが大変栄えていたことがうかがえる。中でも智識寺は、高さ約50mの塔を2塔も有する大寺院で、聖武天皇はこの寺で盧舎那仏《るしゃなぶつ》を拝し、それがきっかけで東大寺の大仏をつくったといわれている。またこの地区には、清浄泉《せいじょうせん》と呼ばれる有名な井戸がある。空海がこの地を訪れ井戸を掘り起こし、住民や農作物を干ばつから救ったとの言い伝えがある井戸で、智識寺の南には竹原井ノ行宮《たかはらいのあんぐう》があったが、聖武天皇や孝謙天皇もこの井戸水を利用していたのかもしれない。

近代に入り、この地域一帯の斜面にはぶどう畑が広がっていった。明治以降に栽培が始まり、昭和初期には全国一の産地にもなったという。たわわに実ったぶどうがぶら下がった景色は壮観である。

5 玉手山丘陵と横穴群

玉手山丘陵の上には、かつて10基以上の前方後円墳が存在していた。それも古墳時代前期（4世紀）に造営されたもので、ヤマト政権とかかわりが深かった豪族が関係していたと考えられる。造営時は、ヤマトへの玄関口で最も目を引く丘陵地の上にあり、権力を誇示するかのようにそびえていたのであろう。

丘陵地の中腹斜面には、洞穴がたくさん並んだ安福寺横穴群が

玉手山2号墳　古墳全体が墓地になっており、手前が前方部で、奥が後円部の前方後円墳である。

ある。玉手山丘陵の大和川を挟んだ対岸の斜面にもたくさんの洞穴があり、こちらは高井田横穴群で、160基もの横穴が確認されている。これら横穴群は、凝灰岩《ぎょうかいがん》と呼ばれる岩盤を洞窟のようにくりぬいて造られた古墳群だ。大阪府下でもここにしかない大変珍しいもので、これらの横穴古墳にはこの地域独特の地質が関係している。火山灰が堆積してできた岩石である凝灰岩は加工しやすい石質で、古墳時代には石棺や石槨《せっかく》などに多く用いられた石材である。この地で見られるものは火砕流堆積物ではないかといわれている。約1500万年前には近くの二上山火山や室生火山が噴火しており、それらの影響でこの地域は凝灰岩がいたるところに分布しているのだ。大和から河内にかけて古墳がたくさん造られたのも、加工しやすい凝灰岩が入手しやすかったことが関係しているのだろう。

6　土師氏の里と呼ばれた台地

允恭《いんぎょう》天皇陵古墳と仲姫命《なかつひめのみこと》陵古墳があるこのエリアは、国府《こう》台地上にあり、古市古墳群の北端に位置する。2つの巨大古墳の真ん中を近鉄電車が通っており、そこに設置された駅名は地名に由

高井田横穴群　一本の墓道から分かれてつくられた横穴は、ひとつの家族によって次々につくられたものだと考えられている。

奥田三郎右衛門忠次の墓碑　玉手山1号墳の後円部頂にある。

来しない「土師ノ里《はじのさと》」と名付けられた。

このエリアは、豪族土師氏の本貫地のひとつとして伝承が残る土地である。土師氏は土器作りのほか、大型古墳の造営にかかわったといわれており、古墳時代から平安時代にかけて氏族集団がこの地で脈々と生活を営んできた痕跡が発掘調査からもわかっている。また、土師氏の氏寺である道明寺《どうみょうじ》や道明寺天満宮があることから参拝に訪れる人も多い。道明寺という名は、土師氏の子孫である菅原道真公の別名「道明」から取ったもので、かつては土師寺と呼ばれており、道明寺天満宮の境内には元宮である土師社が鎮座している。

旧大和川と石川が合流していた場所に最も近い国府台地北端には、史跡国府遺跡がある。この地は奈良時代から平安時代にかけて河内国の政治の中心であり、さらに古層には旧石器時代の遺跡も発見されており、古くから人々が生活を営んでいた。東西に通る大津道（長尾街道）と南北に通る東高野街道が交差し、住吉津などの外港と大和盆地を結ぶ中間地点としても重要な役割を果たした土地なのである。

志貴縣主（しきあがたぬし）神社の高低差　国府台地の北側にはこのような崖が東西に続いている。

国府遺跡之碑　約2万年前の旧石器時代から縄文・弥生・古墳時代と人々が生活した痕跡が古層に眠っている。

石切

Ishikiri

河内を見守る生駒山地

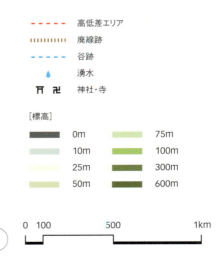

高低差エリア
廃線跡
谷跡
湧水
神社・寺

[標高]

0m
10m
25m
50m
75m
100m
300m
600m

N

0 100 500 1km

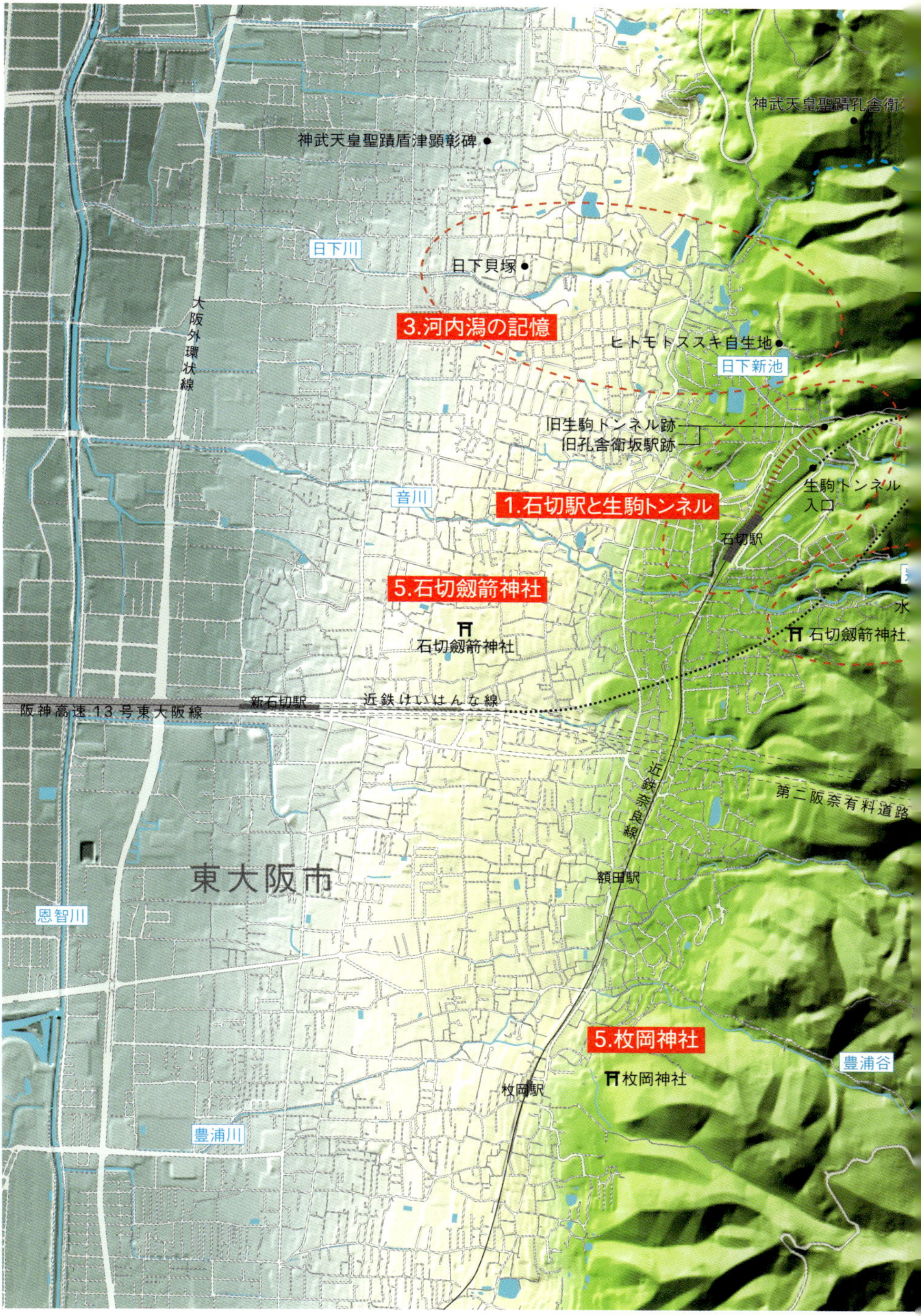

神武天皇聖蹟孔舎衛
神武天皇聖蹟盾津顕彰碑
日下川
日下貝塚
3.河内潟の記憶
大阪外環状線
ヒトモトススキ自生地
日下新池
旧生駒トンネル跡
旧孔舎衛坂駅跡
生駒トンネル入口
音川
1.石切駅と生駒トンネル
石切駅
5.石切劔箭神社
石切劔箭神社
石切劔箭神社
阪神高速13号東大阪線
新石切駅
近鉄けいはんな線
近鉄奈良線
第二阪奈有料道路
東大阪市
額田駅
恩智川
5.枚岡神社
枚岡神社
枚岡駅
豊浦谷
豊浦川

標高642mの生駒山を主峰とした生駒山地は、奈良盆地側に比べ、大阪平野側が急勾配になっている。その斜面には、いくつもの細い急流河川が流れ、谷を刻み、山麓には扇状地が形成されていった。大阪と奈良を結ぶ峠道として、北から中垣内越《なかがいとごえ》、暗越《くらがりごえ》、十三峠越《じゅうさんとうげごえ》、亀ノ瀬越などがあり、さらに枝道として山越えの道が複数ある。中でも、暗越と日下《くさか》の直越《ただごえ》の道は、奈良時代以前から利用されていた古道である。

このエリアの山麓には枚岡《ひらおか》神社や石切劔箭《いしきりつるぎや》神社という大社があり、信仰の地として参拝者が絶えることがない。二社とも神武《じんむ》天皇の時代まで遡ることができる古社である。孔舎衛坂《くさえのさか》は神武天皇が生駒山を越えて奈良盆地に入ろうとしたとき、長髄彦《ながすねひこ》が行く手をさえぎったため、両軍が戦ったという伝承の地であり、「古事記ならびに日本書紀所載の地」に選定され、「神武天皇聖蹟孔舎衛坂顕彰碑」が日下の直越え道に近い丘に設置されている。ここは神話と現在がリアルに結びつけられる興味深いエリアなのだ。

1　石切駅と生駒トンネル

近鉄枚岡《ひらおか》駅から石切駅にかけての勾配は、大阪で最も見晴らし

神武天皇聖蹟孔舎衛坂顕彰碑　訪れる人が少ない丘の上にひっそりと立っている。

日下の直越え道　整備されることなく昔の古道のまま残っているかのようである。

がいい車窓風景をつくり出している。石切駅の標高は約１００ｍで、ひとつ手前の額田駅は標高約70ｍ、その手前の枚岡駅は標高約50ｍ、さらに手前の瓢箪山《ひょうたんやま》駅は標高11ｍである。標高が高くなるに従い車窓風景はどんどん変化し、石切駅手前では、広大な大阪平野が眼下に広がるのである。

石切駅の先は、生駒トンネルである。現在のトンネルは２代目で、すぐ近くには旧生駒トンネル跡が今も残っている。旧生駒トンネルは１９１１（明治44）年に着工され、１９１４（大正３）年に完成し、１９６４（昭和39）年まで使用されていた。工事中に大きな落盤事故があり、難工事であったことが今でも語り継がれている。旧生駒トンネルの坑口近くには旧孔舎衛坂《くさえざか》駅のホームも残っている。駅が開業した当時は、近くに日下遊園地ができ賑わったようである。孔舎衛坂駅は１９１４（大正３）年に日下駅として開業し、１９１８年に鷲尾駅と改称し、１９４０（昭和15）年に孔舎衛坂駅と、２度も駅名を改称した珍

車窓からの眺め　大阪平野が一望でき、大阪都心部の高層ビル群が見える。

しい駅であった。孔舎衛坂駅に改称したのは、神武天皇即位紀元２６００年記念事業の一環であり、当時の世相を反映した出来事である。

2　辻子谷の水車郷

石切駅を降り石切劔箭神社の参道へ向かう途中、辻子《ずし》谷に沿って音川が流れている。その谷に沿って坂道が続き、峠越で宝山寺に通じ、奈良に入ることができる。

辻子谷の水車　当時の姿に復元された水車。

音川沿いの坂道　川に沿って急な坂が続く。

旧生駒トンネルと孔舎衛坂のホーム　旧生駒トンネルの一部は拡幅され、けいはんな線のトンネルとして利用されている。

坂道を上がっていくと、漢方薬の香りがほのかに漂ってくる。この辺りは、江戸時代より「辻子谷の水車郷」と呼ばれ、明治末期から大正にかけて多くの水車が稼働し、その動力は漢方薬や香辛料などの製粉、綿操や綿実油、菜種油搾りに用いられていた。水車は辻子谷だけでなく、額田谷や豊浦谷、車谷にもあり、すべて合わせると100基をゆうに超えていたようだ。

水車小屋は、土地の高低差を活かして段々に造成された土地につくられた。川から引いた水を木製の長い樋に通して、一段下がった水車に落として回したのである。

近代に入ると水車は工業にも利用され、伸線業が盛んになっていく。動力も次第に電力に変わっていき、工場は渓谷部から低地に移動し、事業者の数も増えて規模も大きくなり、伸線業は飛躍的に成長することになる。しかし、動力の電気化がさらに進むと、やがて渓谷部に残った水車も次第に姿を消していくことになった。

3　河内潟の記憶

日下《くさか》谷には日下川が流れ、麓には扇状地が広がっている。その扇状地の先端部で見つかった縄文時代晩期の遺跡が日下貝塚である。遺跡の範囲は200m四方に及び、土器や石器類、屈葬人骨や環状列墓、馬の全身骨格などが発見された。貝塚の貝は、淡水産のセタシジミが99%を占めており、集落

柵の中が史跡日下貝塚　生駒山の扇状地の先端辺りで、河内湾から潟、そして湖へと変わった変遷の痕跡が残る。

近くの河内潟では淡水化が進んでいたことが想像できる。日下貝塚から坂を上がった中腹に日下新池があり、ここにも河内湾の名残と思われる植物が見られる。池のほとりに、本来は海岸近くにしか生えないヒトモトススキが自生しているのだ。ヒトモトススキは、海浜植物の後方の、淡水が湧いているような場所に生える植物であり、海岸から遠く離れた生駒山の山腹に自生していることは自然界では考えにくい現象である。そのことから、この地がかつて海岸線に近かったと考えられるのである。

河内平野に水辺が消滅した後も、開発の波に飲み込まれることなく、ヒトモトススキは奇跡的に自生を続けたのだ。

4　芭蕉も越えた暗峠

暗峠《くらがりとうげ》は、平城京と河内・難波を結ぶ直線ルートとして奈良時代にはすでに利用されていた。暗峠の名の由来は諸説あるが、1801（享和元）年に刊行された『河内名所図会』では「椋ケ《くらが》嶺《みね》峠」と記され、『枚岡市史』（1965年発行）でも「本来クラガネトウゲという名であったろう」とされている。江戸時代には、奈良から大阪へ出るには暗峠を越えるのが普通で、現在は国

暗峠　この場所が奈良と大阪の境界線でもある。

日下新池に自生するヒトモトススキ　東大阪市の天然記念物でもある。

道308号線として自動車も通行できる道になっている。ただし、峠付近は道幅が極端に狭くなり、2・3mまで狭まる。しかも、大阪側の道は急勾配が続き、坂の角度は最大で17・2度（道路勾配31%）になるという。自動車で坂道を上がる際は、ほとんどベタ踏みに近い状態が続き、途中に急勾配でS字カーブの難所もある。この坂道を歩いて登るにはかなりの健脚を必要とするが、自転車で上って行くつわものも多い。

坂道の途中に松尾芭蕉の句碑がある。1694（元禄7）年9月

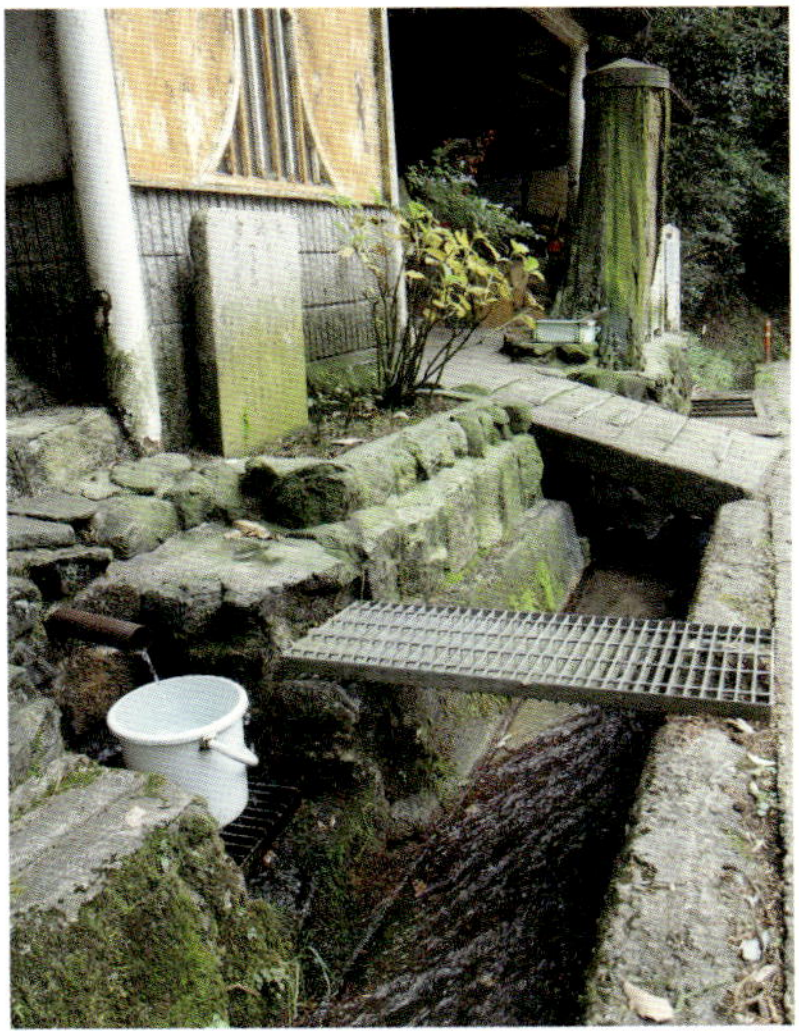

弘法（こうぼう）の水　谷あいから湧水が湧き出しており昔から旅人の潤いの場所であったのだろう。

芭蕉終焉の地　御堂筋の分離帯に石碑が残る。

急勾配の坂　S字で急勾配の超難所。タイヤの跡がすべてを物語っている。

8日、伊賀を発った芭蕉は、奈良で一泊して、翌9月9日に暗峠を越え、その夕暮れに大阪に入った。その時詠まれたのが、「菊の香に　くらがり登る　節句かな」の句である。芭蕉はその後の10月12日、大阪の花屋仁左衛門の裏屋敷で病没している。51歳であった。大阪の南御堂の前には、芭蕉翁終焉ノ地の石碑があり、南御堂には臨終の句碑がある。「旅に病で　ゆめは枯野をかけまはる」。暗峠が芭蕉の最後の旅路になったのである。

5　神話が残る地・枚岡神社と石切劔箭神社

このエリアを語る上で、枚岡《ひらおか》神社と石切劔《いしきりつるぎ》箭《や》神社を外すことはできない。

二社ともなりたちが古く、神話の世界が垣間見える。

枚岡神社は河内国の一ノ宮である。神武天皇が即位する3年前、生駒山中腹の神津嶽《かみつだけ》に天児屋根命《あめのこやねのみこと》と比売御神《ひめみかみ》の二神が祀られたのが創祀とされている。神武天皇は孔舎衛坂で痛手を負い、皇軍を還して紀州路から吉野を通り、大和へ進むことを決意したが、このときに、天児屋根命・比売御神の二柱の神を神津嶽に祀って、

石切劔箭神社楼門　石切とは石でも切れるという鋭利な剣の形容である。楼門の屋根の上には光り輝く劔（つるぎ）と箭（や）がのっている。

国土の平定を祈願したという。

　現在の生駒山麓に遷ったのは650（白雉元）年で、768（神護景雲2）年に二神は春日神社（春日大社）に祀られている。枚岡神社が元春日と呼ばれる由縁でもある。その後、778（宝亀9）年に武甕槌命《たけみかづちのみこと》・斎主命《いわいぬしのみこと》の二神を春日神社（春日大社）より迎え四神となった。

　石切劔箭神社は、古代に天皇の側近として仕えた物部氏と深いかかわりがある神社である。祭神は、饒速日命《にぎはやひのみこと》とその御子、可美真手命《うましまでのみこと》。枚岡市史によると、石切劔箭神社の創祀は、神武天皇の即位2年に生駒山上の饒速日峯に祀り、後に山麓の現在地に遷したといい、饒速日峯は、膽駒神南備山《いこまかんなびやま》の北限にあったとしている。その場所は、生駒山の北方、磐船街道が生駒山塊を付き切る辺りにある峯を指しており、そこにあるものは、まさに、饒速日命が天の磐船に乗って河内国河上の哮ヶ峯《たけるがみね》に降臨したとの伝承が残る磐船《いわふね》神社である。磐船神社も物部氏とかかわりの深い神社なのである。

磐船神社　後ろの巨石は饒速日命が乗ってきた天の磐船である。

枚岡神社本殿　本殿下には池があり鯉が泳いでいる。

川西・伊丹

伊丹段丘の崖巡り

Kawanishi, Itami

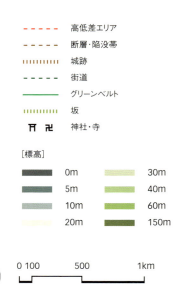

高低差エリア
断層・陥没帯
城跡
街道
グリーンベルト
坂
神社・寺

［標高］

0m
5m
10m
20m
30m
40m
60m
150m

N

0 100　500　1km

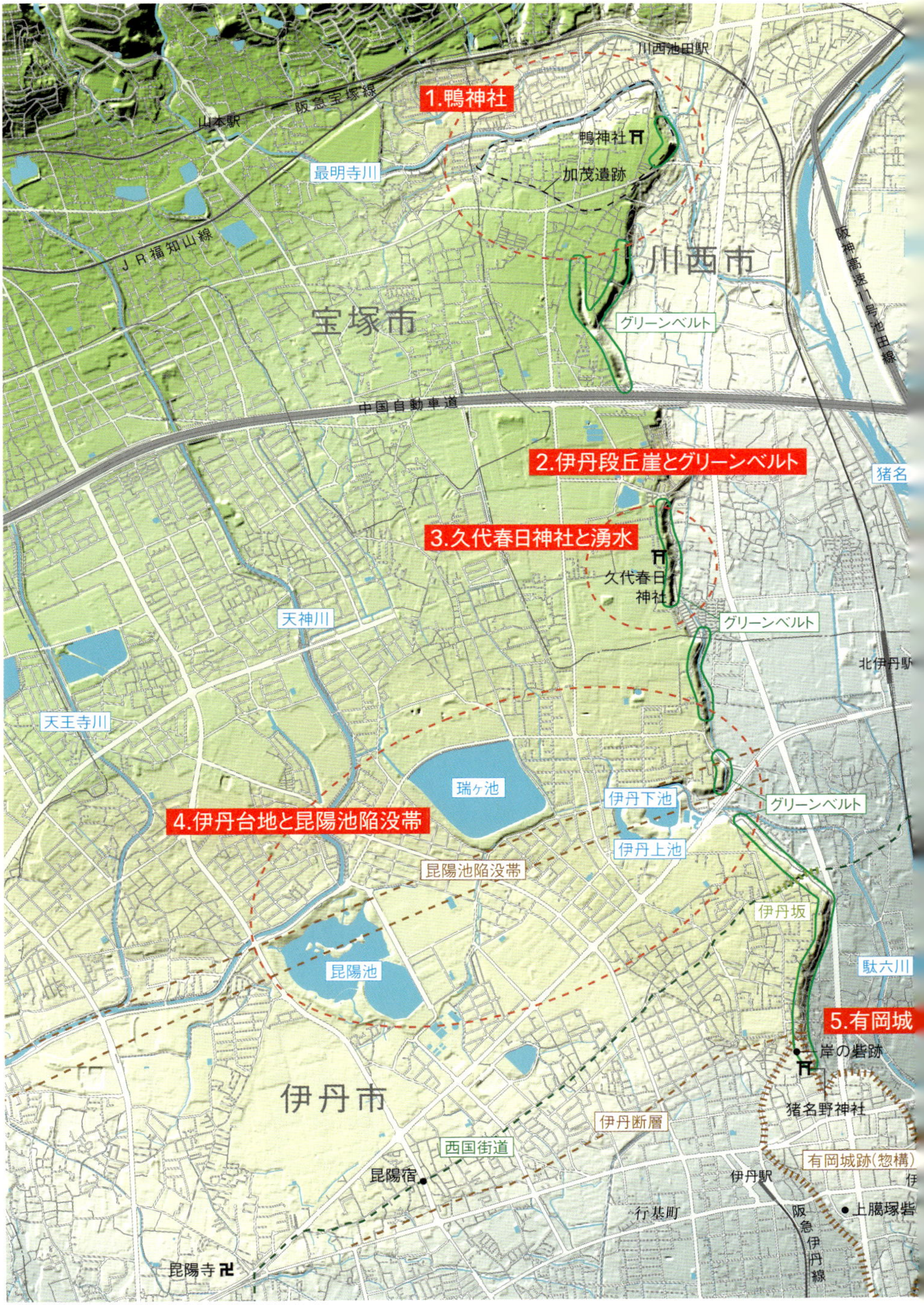

川西池田駅
1.鴨神社
阪急宝塚線
山本駅
鴨神社
加茂遺跡
最明寺川
JR福知山線
川西市
阪神高速1号池田線
宝塚市
グリーンベルト
中国自動車道
2.伊丹段丘崖とグリーンベルト
猪名
3.久代春日神社と湧水
久代春日神社
天神川
グリーンベルト
北伊丹駅
天王寺川
瑞ヶ池
伊丹下池
グリーンベルト
4.伊丹台地と昆陽池陥没帯
伊丹上池
昆陽池陥没帯
伊丹坂
昆陽池
駄六川
5.有岡城
岸の砦跡
伊丹市
猪名野神社
伊丹断層
西国街道
有岡城跡(惣構)
昆陽宿
伊丹駅
行基町
上臈塚砦
阪急伊丹線
昆陽寺

大阪平野を広域に見渡したとき、千里丘陵の西側にフラットに広がる台地面と南北に長く続く段丘崖が目に飛び込んでくる。ここは伊丹段丘と総称されており、兵庫県の川西市と伊丹市にまたがるエリアである。伊丹段丘は、六甲山地、北摂山地、千里丘陵に囲まれた伊丹盆地にあり、東側には猪名《いな》川の氾濫原が、西側には武庫川の氾濫原が広がる。

伊丹段丘の成立は、約3万年前に起こった伊丹海進の時代に遡る。海進による海水面の上昇は、伊丹盆地に大きな入江をつくった。入江の海底には海成粘土が堆積し、海水面が後退すると今度は猪名川や武庫川が運んだ砂礫が粘土層の上に礫層を形成していった。さらに河川は奔放に急路を変えながら台地を削り、猪名川は台地の東縁に急崖を形成したのである。その後、縄文海進により海水面が再び上昇を始め、海水面は、猪名川筋に沿って深く進入し、加茂付近にも沖積層を形成している。猪名川の氾濫原には大阪国際空港（伊丹空港）がつくられているが、海水が浸入していたことで地形がフラットになっており、空港をつくるのに適していたのであろう。

伊丹段丘の中央部には西国街道が東西に通り、段丘崖にあった急勾配の伊丹坂は、摂津名所図会にも描かれるほど有名であった。行基が開基したといわれる昆陽寺《こんようじ》近くには昆陽宿《こやしゅく》があり、江戸時代は参勤交代の宿として賑わったようである。

伊丹坂　かつてはもっと急坂で鬱蒼とした森の中の道であったのであろう。

1　縄文時代からの聖地・鴨神社

伊丹段丘で最も標高が高い場所に鎮座するのが鴨神社である。鴨神社の創建時期は不明だが、927（延長5）年に編纂《へんさん》された『延喜式』にも記されるほど歴史は古く、主祭神は京都の上賀茂神社と同じ別雷命《わけいかづちのみこと》が祀られている。周辺一帯には旧石器時代からの集落があり、弥生時代中期には環濠を持つ大規模集落が営まれていた。1911（明治44）年、東側の崖下で高さ114cmの大型銅鐸《どうたく》が発見されたことにより、この加茂遺跡は一躍全国的に有名になり、2000（平成12）年に国指定史跡になっている。巨大集落があったのは台地北端の突き出た場所で、北側と東側は約20mの急崖になっている。南東の崖斜面と西側には環濠があり、外周にも外濠が造られるなど、天然地形を利用した要害であった。太古の時代より、半島や岬のような突き出た地形には集落の重

最明寺川　太古の時代より加茂遺跡の丘を囲むように流れ続けている。

最明寺川と急崖　高低差約20mの急崖の上に鴨神社があり、加茂遺跡がいまも眠っている。

鴨神社と坂道　伊丹段丘で最も高い場所に鴨神社は鎮座している。

要な聖地が設けられることが多く、祭祀などが行われていた可能性がある。鴨神社はまさにそのような場所に位置しており、有史以前から続く聖地だったのであろう。

2　伊丹段丘崖とグリーンベルト

伊丹段丘の崖面には、樹林地帯が数キロにわたってグリーンベルトを形成している。崖面は宅地化も進んでいるが、手つかずの樹林地帯が多く残っており、伊丹市域では緑地保全地区として市民の憩いの場所になっている。加茂地域の段丘崖は、エノキ、ムクノキが優占する自然植生と竹林からなり、段丘脇の水辺にはヒメボタルも生息し、自然豊かである。都市化が進む大阪近郊で、これほどの規模で自然樹林が残っているのは大変貴重だ。段丘崖の一部は宅地化が進み、台地の上と下をつなぐ坂道がいくつも造られている。急崖の斜面に建てられた住宅

加茂地域のグリーンベルト　周辺も田畑が残り自然豊かな地域である。

グリーンベルトの坂道　自然豊かな深い森のトンネルである。

ビューポイント　宅地化が進んでいる崖の上は見晴らしもいい。

地では、急勾配の階段や絶景ポイントに出くわすことがある。台地の上で急崖に向かう道を見つけたら進んで行こう。突如として眺望が開ける場所に出くわすかもしれない。眼下には猪名川の氾濫原が広がり、大阪国際空港（伊丹空港）から飛び立つ飛行機を崖上から眺めることができる。伊丹段丘崖は、自然と人工が織りなす高低差地形の魅力に満ち溢《あふ》れた場所なのである。

3　久代春日神社と湧水

伊丹段丘は、粘土層の上に礫層が形成されているため、段丘面に降った雨は地面にしみこんで段丘礫層中をゆっくり移動し、段丘崖から湧水が湧き出している場所を確認することができる。

伊丹段丘崖の上に鎮座する久代《くしろ》春日神社の階段上に立つと、下から滝音が聞こえてくる。階段下には滝行場の

段丘崖と坂道　ここに立つと段丘崖と坂道と眺望をすべて楽しめる。

段丘崖の坂道　坂道に沿って地形の高低差を巧みに利用した住宅が続く。

急勾配階段　足がすくむほど急勾配の階段である。

ような場所があり、懸樋《かけひ》から水が勢いよく流れ落ちているのだ。水源を辿り階段左側の傾斜地を進んで行くと、斜面の割れ目から水が湧き出る場所を見つけることができる。あまり人の手が加えられていない自然の湧水地である。さらに、階段右手にも別の場所から流れてきたであろう水の流れる細い溝がある。おそらく神社境内の崖斜面には複数の湧水地があるのだろう。春日神社の創建は不明だが、江戸時代に低地にあったのを現在の地に遷

湧水地　落ち葉でわかりにくいが、崖の隙間から水が湧き出している。

階段下の滝　崖地から湧き出した湧水が流れ落ちている。

したといわれており、本殿は江戸時代初期のもので、川西市の指定文化財でもある。春日神社がこの地に遷宮された理由は、この豊かな湧水だったのかもしれない。湧水は神聖な神事等に利用されていたのであろう。

余談だが、伊丹段丘南部の伊丹市は酒処であり、「剣菱」「男山」「松竹梅」「白雪」は伊丹発祥の銘柄である。いい酒が造られているというのは、いい水が湧いていた証拠でもあるのだ。

4 伊丹台地と昆陽池陥没帯

伊丹台地の中央部には大型の池が点在している。昆陽池《こやいけ》をはじめ、瑞ヶ池《ずがいけ》、伊丹上池、伊丹下池などがあるが、これらは窪地を利用して造られた灌漑池なのだ。伊丹台地は北から南に緩やかに傾斜し、東西を貫くように帯状の窪地が存在している。これを昆陽池陥没帯といい、断層運動によって落ち込んだと考えられている。台地上には、天神川と天王寺川が南流していたが、この陥没帯が生じたことで、川筋は南北に分断され、直角に向きを変えて西側に流れるようになったのである。台地では古くより、洪水が起こると野放し状態で水浸しになるという地理的な問題を抱えて

瑞ヶ池　昆陽池陥没帯の窪地を利用して造られた灌漑池である。

昆陽池　水鳥の楽園になっている。

いた。行基《ぎょうき》によって造られたといわれる昆陽池は、陥没帯に溜まって溢れた水が南部に流出しないよう、南側に堤を築いて池としたのである。

行基は奈良時代の僧侶で、先進的な土木の知識や技術を有しており、近畿地方を中心に、寺院の建立や治水、架橋、貧民救済などの社会事業活動を行った人物である。この地域には行基が開基したといわれる昆陽寺《こんようじ》や行基《ぎょうき》町《ちょう》という地名も残っているなど、行基と縁が深い地域でもあるのだ。

5　有岡城と段丘崖

1574（天正2）年に、織田信長配下の武将・荒木村重は、伊丹親興《いたみちかおき》に代わって伊丹城の城主になり、信長の命により有岡城と名を改めた。村重は、城の大規模な改造を手掛け、主郭部《しゅかくぶ》、侍町《さむらいまち》、町屋地区の全体を堀と土塁で囲み、城郭全体を防御する惣構《そうがまえ》の城を完成させたのである。その規模は、南北約1・7km、東西約0・8kmに及び、防御の要所として、北に「岸の砦」、西に「上臈塚砦《じょうろうづかとりで》」、南に「鵯塚砦《ひよどりづかとりで》」を築いた。惣構の東側は段丘崖を利用した天然の要害で、崖下には駄六《だろく》川が流れ、さらに東には猪名《いな》川が流れる低湿地帯であった。西側は高低差が少なく地形的な弱点であったが、土塁を高く積み、堀を二重に構えていたことが発掘調査でわかっている。ポルトガル人宣教師のルイス・フロイスは、有岡城を訪れたときの書簡に「甚だ壮大にして見事なる城」と書き残している。

有岡城主郭部があった場所は、明治時代に鉄道敷設によって大きく削られてしまったが、惣構の東端の崖は所々に残っており、猪名野《いなの》神社には岸の砦跡である土塁が残っている。

有岡城の主郭部と堀跡　当時の堀に囲まれた主郭部を想像するのが楽しい。

有岡城主郭部　鉄道の敷設により大きく削られた場所である。

惣構え東側の崖　東側の低地沿いにはこのような崖が続いている。

猪名野神社の崖　下に見える道路の下が以前の低地で、段丘下との比高差は約8mある。

惣構え東側の崖　崖沿いに暗渠が続いており、辿って行きたくなるエリアだ。

猪名野神社に残る岸の砦跡　土塁の跡がいまも残っている。

特別寄稿

見せてもらおうか、大阪の「坂」とやらを

皆川典久

みながわ・のりひさ／東京スリバチ学会会長。スリバチ状の谷間を探して各地を彷徨う。著書に『凹凸を楽しむ 東京「スリバチ」地形散歩』1・2（洋泉社）、『東京スリバチ地形入門』（イーストプレス）などがある。

大阪の「坂」とは、いったいどこにあるのだろうか？

地形マニアは地名に敏感である。出張で訪れた大阪での商談中に、そんな疑問が湧き上がってしまった。商談を早々に切り上げ、大阪の町へと彷徨《さまよ》い出たのは自然の成り行きだった。地図も持たぬままにだ。

大阪の町は平坦なイメージがあったが、誇り高き地形マニアとして先入観は捨てなくてはならない。見知らぬ町で訪ねるべきは神社や城跡。なぜなら、それらは地形的に特殊な場所に築かれていることが多いからだ。特に軍事遺構である近世の城址は要害の地であるとともに、堀を成す水を引き込む立地条件を備えていることが多い。地勢と水系を把握できる格好のターゲットなのだ。足は大阪城があると思われる東の方向を自然と目指していた。

碁盤《ごばん》目《め》状に整備された大阪の町は「絶対方向感覚」を持つ者にとって歩きやすい。広い通りを東へと進むと、上り坂が遠くに霞んで見えた。坂の下まで辿り着くと「谷町」という交差点名が目に留まる。

ここを走る地下鉄も「谷町線」と呼ぶらしい。ステキな名だ。交差点の先には10ｍ以上の比高を持つ長い坂道が続いていた。坂を上ると「大きな街区に大きな建物」が目立つようになってきた。坂下の建て詰まった町なみとは明らかに空気感を異にする。おそらくは江戸時代、武家屋敷が並んでいた敷地割りが、そのまま大規模公共建物へと置き換わった結果なのであろう。土地の高低差に呼応するよう町なみが変化することを「スリバチの法則」と呼んでいるが、どうやら大阪の都市形成にも当てはめられそうだ。

　大阪城の雄姿が見えてきたが、しばらく上町台地と呼ぶらしい平坦な台地面を歩くことにした。城の南側には広大な公園が広がり、難波宮という遺構が発掘中なのだという。圧倒的なスケールからして、この地が全国的な政治的要所であったと想像できる。これだけの比高を持った台地なら縄文海進でも水没しなかったはずで、遺跡も多く残されているに違いない。さらに台地を南へと歩いてゆくと、道路が唐突に窪んでいる様子が目に飛び込んできた。自然と足取りが速くなる。５ｍ程の比高を持つ谷地が眼前に横たわっていた。谷底へと降りると、川跡を思わせる屈曲した路地が、緩やかな傾斜を持ち上流へと続いている。静寂につつまれた路地には木造長屋が軒を連ね、寺院の屋根も見て取れた。東京の下町系スリバチを思わせる谷間の町は「龍造寺町」という名らしい。坂を上りきると谷町など知らぬ顔の台地の町、住居表示では「上町」が広がっていた。

　町のくぼみは海へのプロローグだ。次に谷筋を下流側へと辿ってみることにした。しか

上町台地にある龍造寺町のくぼみ（写真はいずれも筆者撮影）

し、長屋のある路地の先に川跡を見つけるのは難しかった。しかたなく切通しの道で台地を下り、幻とも思えてきた谷筋の続きを探してみたくなった。屹立した台地と低地の境を行ったり来たりする。通りがかった学校前で、自分を怪しげに見ている子供たちの目を気にしつつ校門に近づくと、「南大江小学校」とあった。学校名には歴史を紐解くヒントが隠されていることが多い。これは大きな入江、あるいは川の南を表す名だろうか？　大きな川とは淀川のことか？　語感から湊があったのかもしれない。想像を巡らせていると、ハト小屋のような不思議な建屋が目に留まった。壁に空けられた窓から中をのぞき込む。暗がりに目が慣れると、水路を思わせる石積みが見えてきた。その底辺を勢いよく流れるのは水?!　これはと思い、建屋の横に掲げられた解説板を読んでみた。そこには「太閤下水」の解説があった。下流側に目をやると、暗渠路らしき路地が西へと続いていた。

谷底の川跡を想わせる龍造寺町の路地

　なるほど、大阪の地形を読み解くにはやはり歴史を知らねばならなそうだ。そう思って、大阪城の手前で目にした大阪歴史博物館に向かった。城を訪れるのはその後でもいいだろう。そして東国の地形マニアは上町台地の凹凸地形にまつわる物語の数々を知ることになる。

　上町台地の北端で発掘が進められていたのは難波宮（難波長柄豊碕宮）という古代の都。平城京よりも古く、652年に完成したのだという。そして台地の麓、人工的に開削された大川（淀川）には、難波湊という国際貿易港もあったらしい。驚くべきは上町台地にはかつて、武蔵野台地と同じように、たくさんの開析谷が刻まれていたが、難波宮の建設や豊臣秀吉の時代に大坂城築城のため埋め立てられたのだという。多くの埋没谷が上町台地には眠っているという事実に地形マニアの血が騒ぐ。また大阪城の堀は自然の谷地形を利用したもので、内堀は大手前谷を、外堀は清水谷という自然地形を活かして築かれたらしい。空堀町や清水谷町、細工谷などの町名は過去の地形を物語るもので、自分が先ほどめぐり合ったのは「龍造寺谷」という埋没谷のひとつだった。そして南大江小学校前で見た水流は龍造寺谷水系のもので、太閤下水を通じて海へと排出されていたという。太閤下水は江戸時代末期には総延長約３４６㎞にも達し、まさに「水の都」を支えるインフラとして機能していたのだ。

　武蔵野台地がまだ乾燥した荒野に過ぎず、やがて江戸の町となる下町低地は沼地や湿原だった頃、大阪の地では律令国家の政治的中心地として都市文化が花開き、凹凸地形を改変させるような積極的な建設行為が続けられてきた。埋没谷には大坂冬の陣で埋め立てられたものや、平安時代の水路建設の名残もあるらしく、凸凹地形一つひとつには悠久の歴史的エピソードが隠されているのだ。さすがは都市の大先輩である。「東国の田舎町とは歴史の重みが違うのだよ。田舎町とはな。」と諭された気がした。

南大江小学校正門前にある太閤下水の見学施設

　気づけばあたりはすっかり暗くなっている。大阪の坂がどこなのか、どうでもよくなってしまった。帰りの新幹線を気にしながらポケットから携帯を取り出す。「先ほどの懸案事項ですが、来週にでも御社へご説明に伺いたく……」。

おわりに「お見せしよう、大阪の高低差を」

新之介という名はブログのハンドルネームだ。「十三のいま昔を歩こう」というブログをはじめた2007年頃は、個人がネット上で情報を発信する場合、ハンドルネームを使うのが一般的だった。今でもブログやツイッターを通して知り合った仲間と会うときや、取材や講演等でお話しさせていただくときはこの名を使用しており、この本でも使わせてもらった。

フェイスブックは、ブログやツイッターでは得られなかった様々な変化をもたらしてくれた。東京スリバチ学会の皆川会長と知り合えたのもフェイスブックがきっかけだ。大阪高低差学会のページを立ち上げた初期に「いいね！」を押してくださった事を今でもよく覚えている。その後、皆川会長を通して、千葉スリバチ学会、埼玉スリバチ学会、多摩武蔵野スリバチ学会、路地連新潟、名古屋スリバチ学会、京都高低差崖会、神戸高低差学会など、交流の輪が広がっていった。

そんな中で、東京のスリバチ地形ツアーに参加したことがある。出張や旅行では絶対に歩かないであろうルートだったが、実際に目の当たりにした東京のスリバチ地形は驚きの連続だった。「ええぃ！　東京のスリバチは化け物か！」と。

東京と大阪の地形はあまりにも違いすぎ、東京スリバチ学会の真似をしていてはダメだということを実感させられた。大阪には東京とは違う地形の魅力があるはずだし、楽しみ方があるに違いない。フィールドワークを通してそんな大阪の魅力を発見し、その面白さを伝えることが、自分たち大阪高低差学会のミッションではないだろうかということに気づかされたのだ。手前味噌だが、本書ではその魅力の一端を伝えられたのではないかと思っている。

近年、大阪でも「防災ハザードマップ」が作られるなど防災の意識が行政を中心に高まっている。特に大阪市内は、淀川、神崎川、大和川、寝屋川といった大きな河川と海に囲まれ、市街地の9割は平坦な低地で、大雨、津波に対して非常に弱い地形である。いま暮らしている町の地形を知ることは、河川氾濫や津波から身を守るためにも役立つに違いない。

最後になったが、本書のために素晴らしい地図を作成していただいた杉浦貴美子氏に感謝の意を表したい。また、不慣れな文章に根気強くチェックを入れ、整理されていない資料を取りまとめていただいた洋泉社の雨宮郁江氏にもお礼を申し上げたい。さらに、大阪高低差学会を一緒に運営しているミズさん、ちゅうやんさん、大西さん、おやつ部の大場さん、ふーにゃさん、大阪高低差学会の活動に賛同してくださっているみなさん、いつもありがとうございます。

そして、本書のきっかけを作ってくださった皆川会長にもこの場をかりてお礼を申し上げたい。本当にありがとうございます。

「そうだ高低差、探しに行こう。」

大阪には、まだまだ名もない素敵な高低差が私たちを待っているに違いない。

主要参考文献

地学・地形など

梶山彦太郎・市原実『大阪平野のおいたち』青木書店、１９８６年
日下雅義『地形からみた歴史――古代景観を復原する』講談社学術文庫、２０１２年
中沢新一『アースダイバー』講談社、２００５年
中沢新一『大阪アースダイバー』講談社、２０１２年
皆川典久『凹凸を楽しむ　東京「スリバチ」地形散歩』洋泉社、２０１２年
皆川典久『凹凸を楽しむ　東京「スリバチ」地形散歩2』洋泉社、２０１３年
宮本佳明『環境ノイズを読み、風景をつくる。』彰国社、２００７年
『アーバンクボタ No・16 特集「淀川と大阪・河内平野」』株式会社クボタ、１９７８年
脇田修研究代表「大阪上町台地の総合的研究　東アジア史における都市の誕生・成長・再生の一類型」大阪文化財研究所・大阪歴史博物館、２０１４年
大阪文化財研究所『東アジアにおける難波宮と古代難波の国際的性格に関する総合研究』２０１０年
近江俊秀『道路誕生――考古学からみた道づくり』青木書店、２００８年
近江俊秀『道が語る日本古代史』朝日選書、２０１２年
大阪地域地学研究会『地学の旅　ドライブ関西』東方出版、１９９５年
地学団体研究会大阪支部編『おおさか自然史ハイキング　地質ガイド』創元社、１９８７年
地学団体研究会大阪支部編著『大地のおいたち――神戸・大阪・奈良・和歌山の自然と人類』築地書館、１９９９年
地学団体研究会大阪支部編『関西自然史ハイキング　大阪から日帰り30コース』創元社、１９９８年
長谷川匡弘・藤井俊夫・佐久間大輔「大阪市西成区の住宅街の中に残る「湿地」――生育する植物相の報告」（大阪市立自然史博物館編『Ｎａｔｕｒｅ Ｓｔｕｄｙ 60（８）』２０１４年

大阪の歴史など

津田秀夫『図説　大阪府の歴史』河出書房新社、１９９０年
会田雄次・大石慎三郎監修、石川松太郎・稲垣史生・加藤秀俊編纂『江戸時代　人づくり風土記　27・49　大阪　大阪の歴史力』農山漁村文化協会、２０００年
小笠原好彦『難波京の風景――古代の三都を歩く』文英堂、１９９５年
大阪町名研究会編『大阪の町名――大坂三郷から東西南北四区へ』清文堂出版、１９７７年
宮本又次『てんま――界隈　風土記大阪』大阪天満宮、１９７７年
「角川日本地名大辞典」編纂委員会編纂『角川日本地名大辞典 27 大阪府』角川書店、１９８３年
山根徳太郎『難波の宮』学生社、１９６４年
新山通江『鴻鵠の系譜――淀屋歴代記』淀屋顕彰会、１９８０年

小林一三『逸翁自叙伝――青春そして阪急を語る』阪急電鉄総合開発事業本部コミュニケーション事業部、2000年
ルイス・フロイス（訳者　松田毅一・川崎桃太）『完訳フロイス日本史4　豊臣秀吉篇Ⅰ』中公文庫、2000年
ルイス・フロイス（訳者　松田毅一・川崎桃太）『完訳フロイス日本史5　豊臣秀吉篇Ⅱ』中公文庫、2000年
岡本良一『図説　大坂の陣』創元社、1978年
岡本良一『岩波グラフィックス18　大阪城』岩波書店、1983年
岡本良一・作道洋太郎・原田伴彦・松田毅一・渡辺武『朝日カルチャーブックス11　大阪城400年』大阪書籍、1982年
笠谷和比古・黒田慶一『豊臣大坂城――秀吉の築城・秀頼の平和・家康の攻略』新潮選書、2015年
森浩一『巨大古墳――前方後円墳の謎を解く』草思社、1985年
森浩一『記紀の考古学』朝日新聞社、2000年
森浩一企画／瀬川芳則・中尾芳治『日本の古代遺跡11　大阪中部』保育社、1983年
大阪市文化財協会編『なにわ考古学散歩』学生社、2007年
大阪市文化財協会編『大阪遺跡――出土品・遺構は語る　なにわ発掘物語』創元社、2008年
中世都市研究会編『都市空間 中世都市研究1』新人物往来社、1994年
堺市博物館編『堺と三都』1995年
朝尾直弘・栄原永遠男・仁木宏・小路田泰直『堺の歴史――都市自治の源流』角川書店、1999年
大江恒雄『淡路地方史――一郷土史家の考察』文芸社、2003年
西日本旅客鉄道株式会社監修・大阪ターミナルビル株式会社駅史編集委員会編著『大阪駅の歴史』2003年
大阪市水道局編『大阪市水道百年史』大阪市水道局、1996年
玉置豊次郎『大阪建設史夜話』財団法人大阪都市協会、1980年
北尾鐐之助『近代大阪　近畿景観　第三編』創元社、1989年

市史・古典など

新修大阪市史編纂委員会編『新修大阪市史　第1巻』1988年
新修大阪市史編纂委員会編『新修大阪市史　第2巻』1988年
新修大阪市史編纂委員会編『新修大阪市史　第3巻』1989年
大阪府史編集専門委員会編『大阪府史　第1巻 古代編Ⅰ』1978年
枚岡市史編纂委員会編『枚岡市史　第1巻　本編』1967年
枚岡市史編纂委員会編『枚岡市史　第2巻　別編』1965年
柏原市史編纂委員会編纂『柏原市史　第2巻　本編1』1973年
伊丹市史編纂専門委員会編『伊丹市史　第1巻　本文編1』1971年
川端直正『東淀川区史』市民日報社、1956年
『新編　日本古典文学全集2・日本書紀①』小学館、1994年
『新編　日本古典文学全集2・日本書紀②』小学館、1996年
『新編　日本古典文学全集1・古事記』小学館、1997年
『新日本古典文学大系・続日本紀　五』岩波書店、1998年
秋里籬島『摂津名所図会　上』臨川書店、1974年
秋里籬嶋編『河内名所図会』柳原書店、1975年
清水靖夫編『明治前期・昭和前期　大阪都市地図』柏書房、1995年

新之介

しんのすけ／1965年大阪市淀川区生まれ。本業は広告会社のクリエイティブ部門に所属。2007年よりブログ「十三のいま昔を歩こう」を運営。十三にとどまらず、大阪全域の歴史や町歩きレポートを執筆。2013年、大阪高低差学会を設立。大阪の歴史と地形に着目したフィールドワークを続けている。

地図作製　杉浦貴美子
地図作製協力　深澤晃平
編集協力　皆川典久
ブックデザイン　ウチカワデザイン
DTP協力　崎山乾
校正　東京出版サービスセンター

凹凸を楽しむ 大阪「高低差」地形散歩

発行日　二〇一六年六月一〇日　初版発行
　　　　二〇一六年七月　八　日　第二刷発行

著者　新之介 ©2016

発行者　江澤隆志
発行所　株式会社洋泉社
〒一〇一-〇〇六二　東京都千代田区神田駿河台二-二
電話　〇三-五二五九-〇二五一（代）
振替　〇〇一九〇-二-一四二四一〇　（株）洋泉社

印刷・製本　日経印刷株式会社

ISBN978-4-8003-0942-6　Printed in Japan　http://www.yosensha.co.jp